मेरे पसंदीदा फ्रैक्टल्स

खंड 1

डेविड ई. मैकएडम्स द्वारा

इस पुस्तक में चित्र फ्रैक्टल फोर्ज का उपयोग करके बनाए गए हैं। फ्रैक्टल फोर्ज को https://sourceforge.net/projects/fractalforge/ से डाउनलोड किया जा सकता है।

डेविड ई. मैकएडम्स की अन्य पुस्तकें

तोते के रंग – तोते के अद्‌भुत चित्रों का उपयोग करके रंगों की अवधारणा का परिचय। प्रीस्कूलर के लिए।

फूलों के रंग – फूलों के अद्‌भुत चित्रों का उपयोग करके रंगों की अवधारणा का परिचय। प्रीस्कूलर के लिए।

ब्रह्मांड के रंग – नासा से छवियों का उपयोग करके रंगों की अवधारणा का परिचय। प्रीस्कूलर के लिए।

आकृतियाँ – आकृतियों का परिचय। प्रीस्कूलर के लिए।

संख्याएँ – संख्याओं की अवधारणा का परिचय। कक्षा K–2 के लिए।

किसी चीज़ से भी बड़ा क्या है? (इन'फ़िनिटी) – इनफिनिटी की अवधारणा का परिचय। कक्षा 1–3 के लिए।

स्विंग सेट (सेट सिद्धांत) – सेट सिद्धांत का परिचय। ग्रेड 2–4 के लिए।

One Penny, Two (अंग्रेजी में) – अगर जैरी का पैसा हर दिन दोगुना हो जाता है, तो उसे एक गहरे हरे रंग की स्पोर्ट्स कार खरीदने में कितना समय लगेगा? ग्रेड 3–6 के लिए।

प्ले मनी एक्टिविटी किट के साथ सीखना – $1,000,000 से ज़्यादा के प्ले मनी के साथ बड़ी संख्याएँ और गिनती सिखाएँ।

मेरे पसंदीदा फ्रैक्टल्स (खंड 1 और 2) – बेहतरीन फ्रैक्टल्स की पिक्चर बुक हाई रेज़ोल्यूशन इमेज के रूप में प्रस्तुत की गई है। सभी उम्र के लिए।

Monster Creatures of the Deep Sea (अंग्रेजी में) – गहरे समुद्र में पर्यावरण का अन्वेषण करें, और 44 गहरे समुद्री जीवों के बारे में जानकारी प्राप्त करें।

All Math Words Dictionary (अंग्रेजी में) – प्री–एलजेब्रा, बीजगणित, ज्यामिति और प्री–कैलकुलस के छात्रों के लिए एक गणित शब्दकोश।

पाई के पहले दस लाख अंक (π) – पाई के पहले मिलियन डिजिट्स। सभी उम्र के लिए।

e के पहले दस लाख अंक – यूलर के स्थिरांक e के पहले दस लाख अंक। सभी उम्र के लिए।

2 के वर्गमूल के पहले दस लाख अंक – 2 के वर्गमूल के पहले दस लाख अंक। सभी उम्र के लिए।

प्रथम सौ हजार अभाज्य संख्याएँ – पहले सौ हज़ार अभाज्य संख्याएँ। सभी उम्र के लिए।

Geometric Nets Project Book (अंग्रेजी में) – 3 आयामी पॉलीहेड्रा में कॉपी करने, काटने और एक साथ टेप करने के लिए 80 ज्यामितीय जाल। 9 वर्ष और उससे अधिक उम्र के लिए।

Geometric Nets Mega Project Book (अंग्रेजी में) – 3 आयामी पॉलीहेड्रा में कॉपी करने, काटने और एक साथ टेप करने के लिए 253 ज्यामितीय जाल। 9 वर्ष और उससे अधिक आयु के लिए।

अद्यतित सूची के लिए, https://www.DEMcAdams.com देखें।

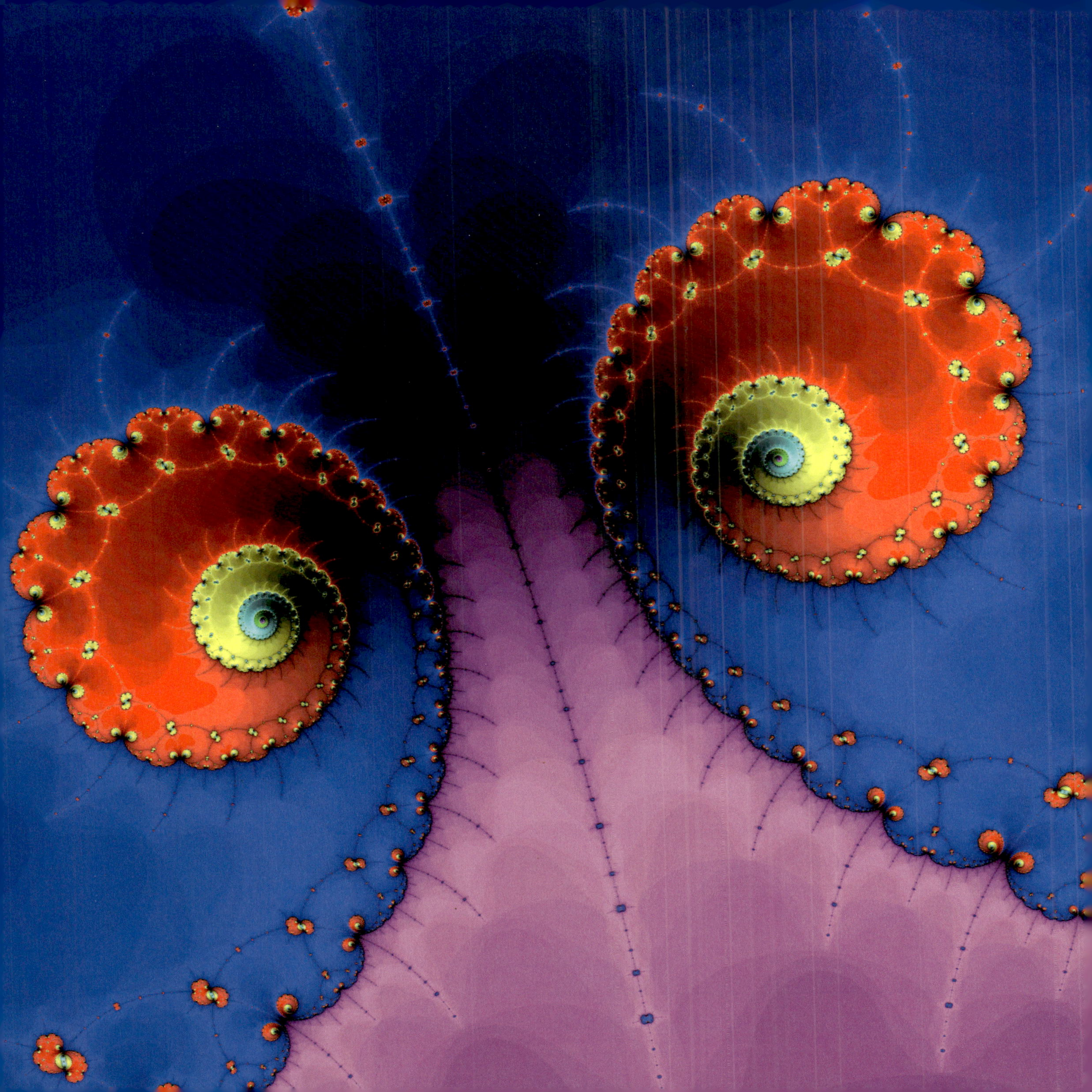

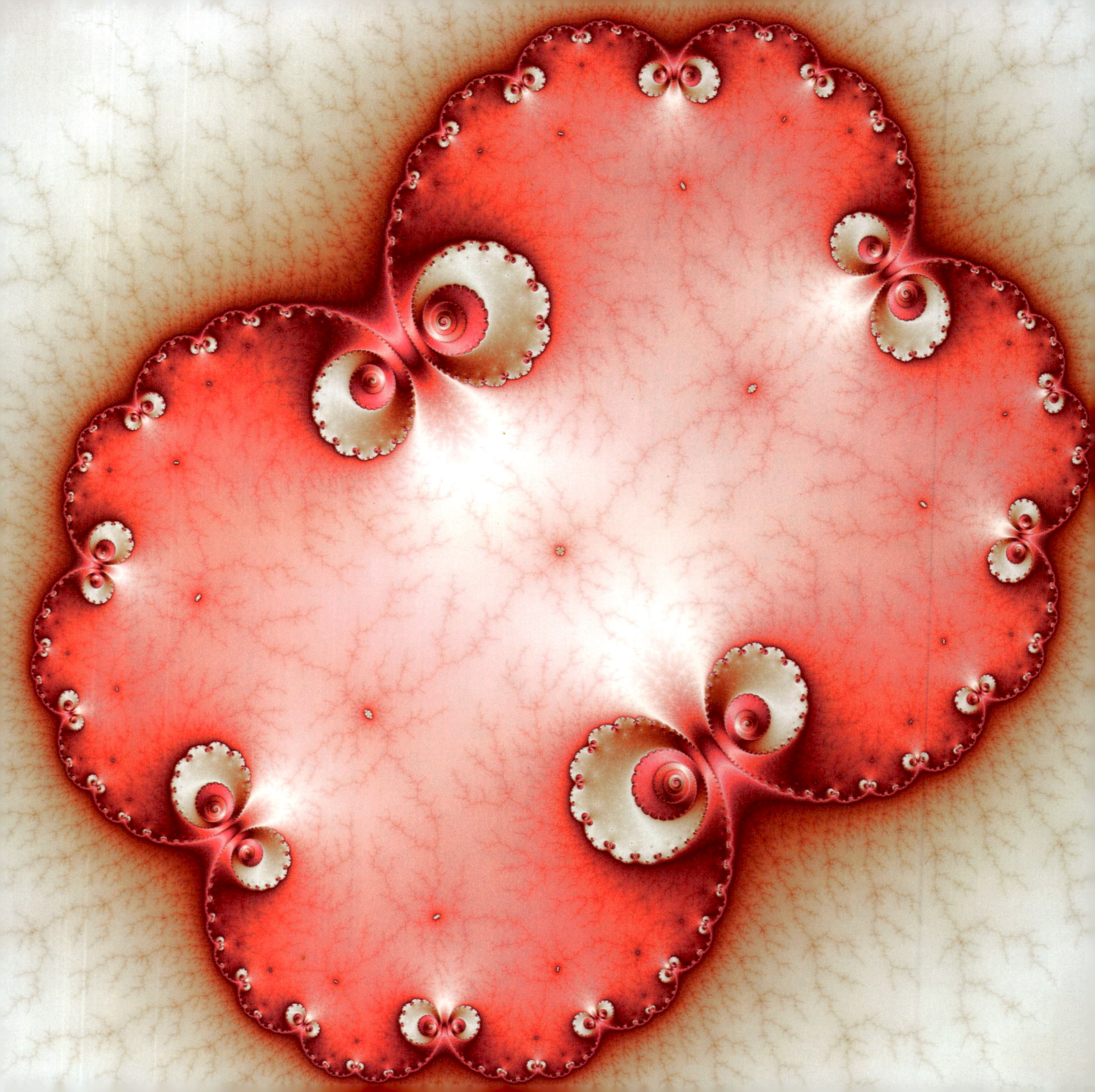

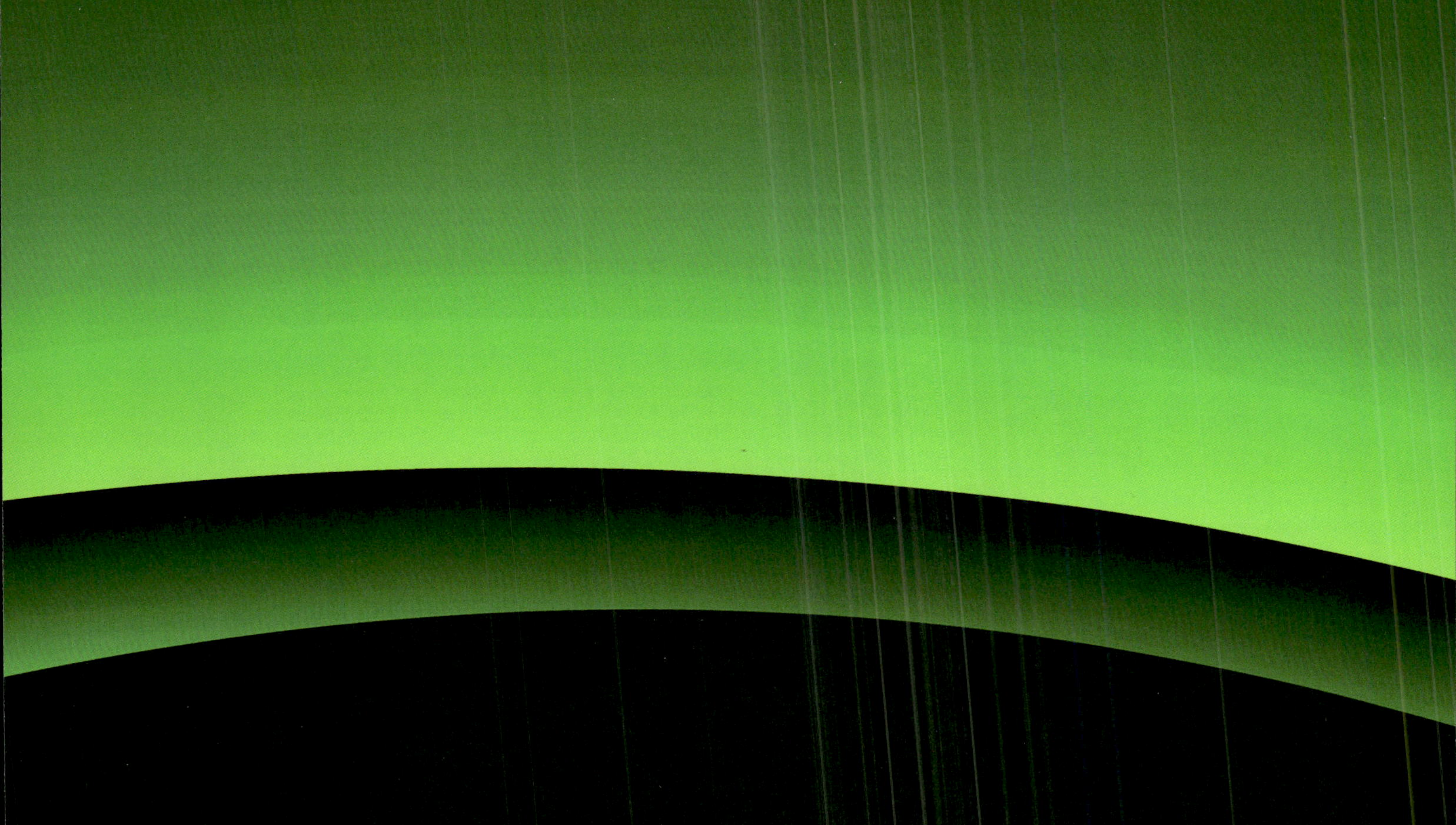

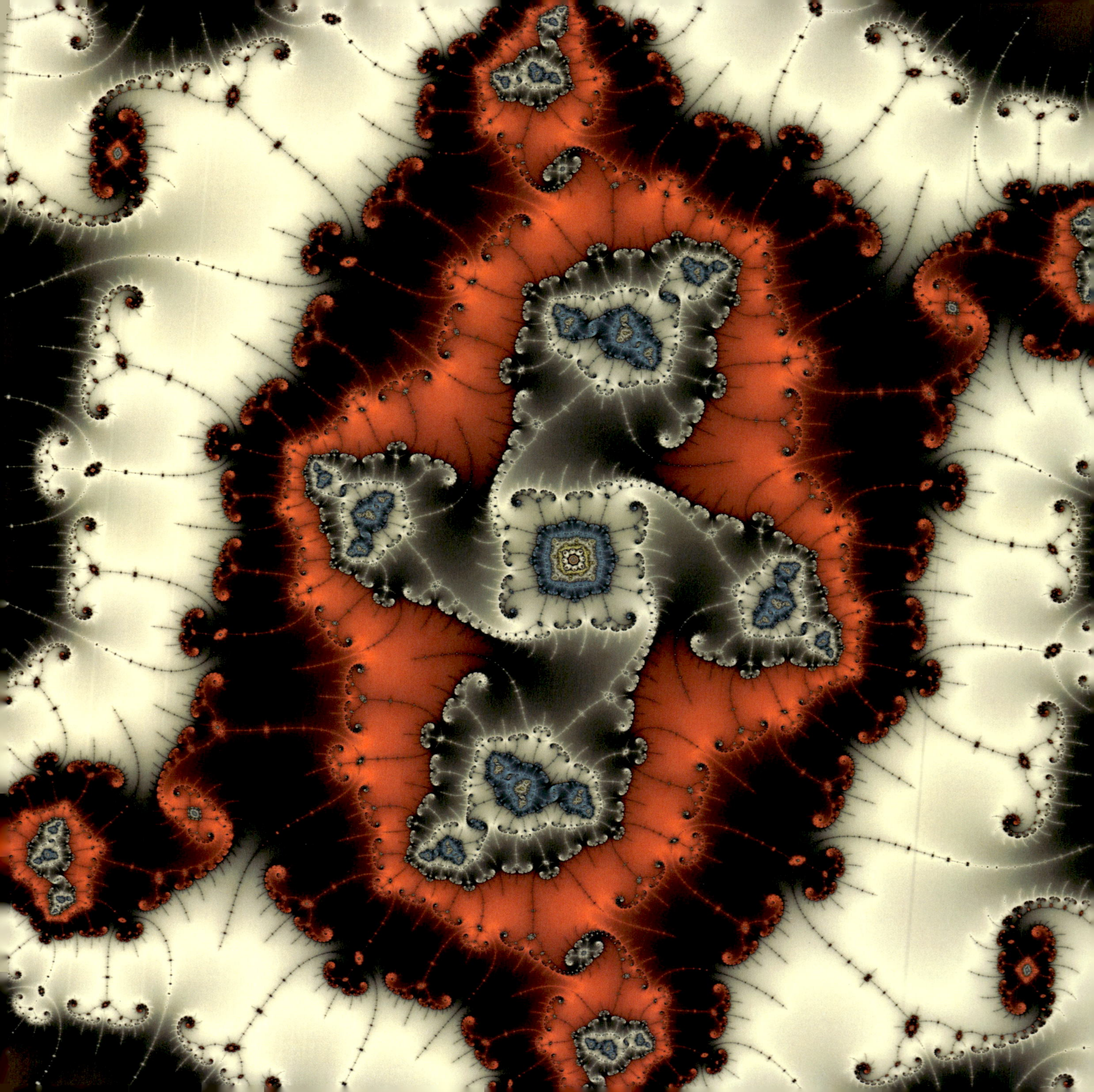

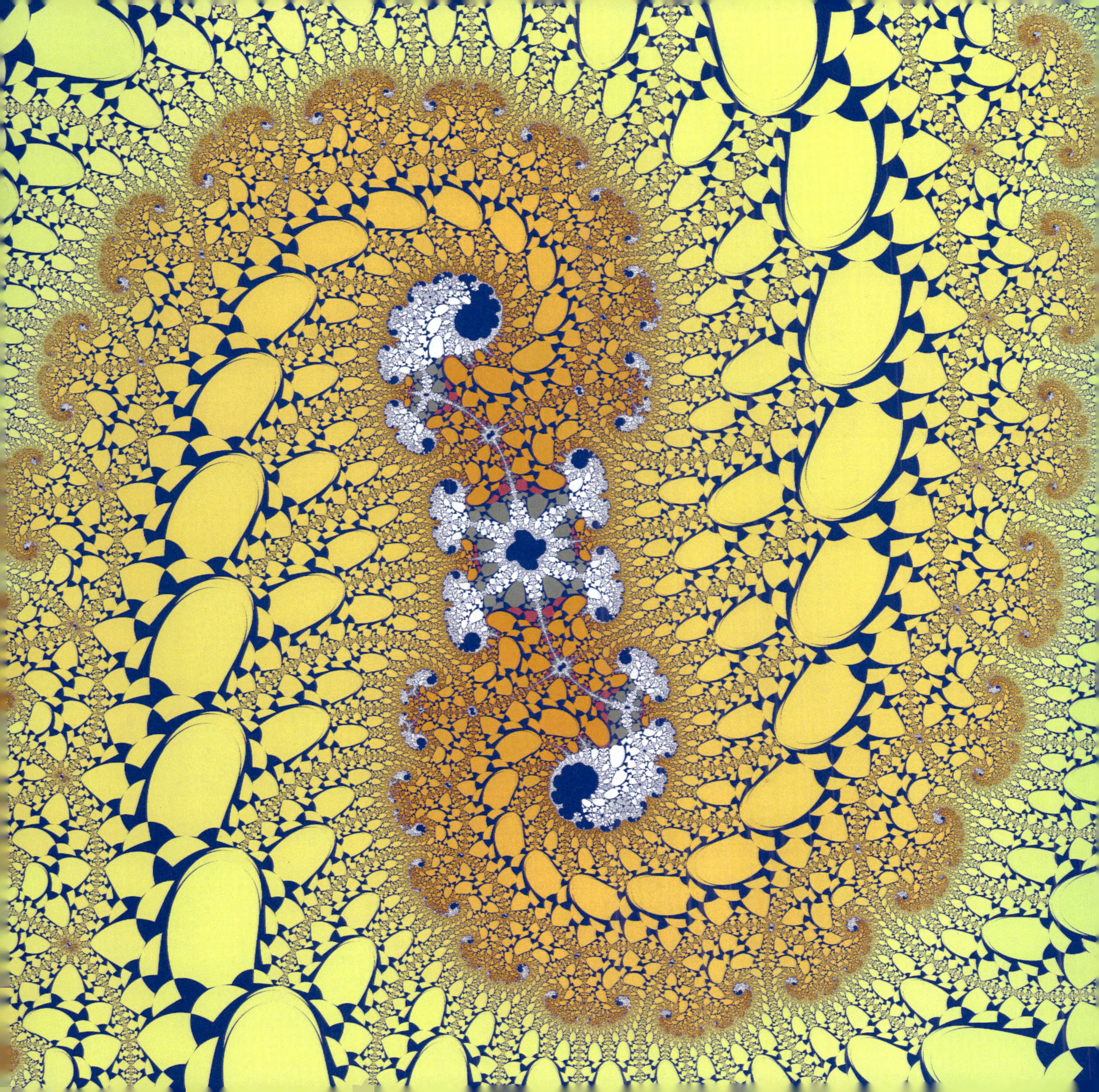

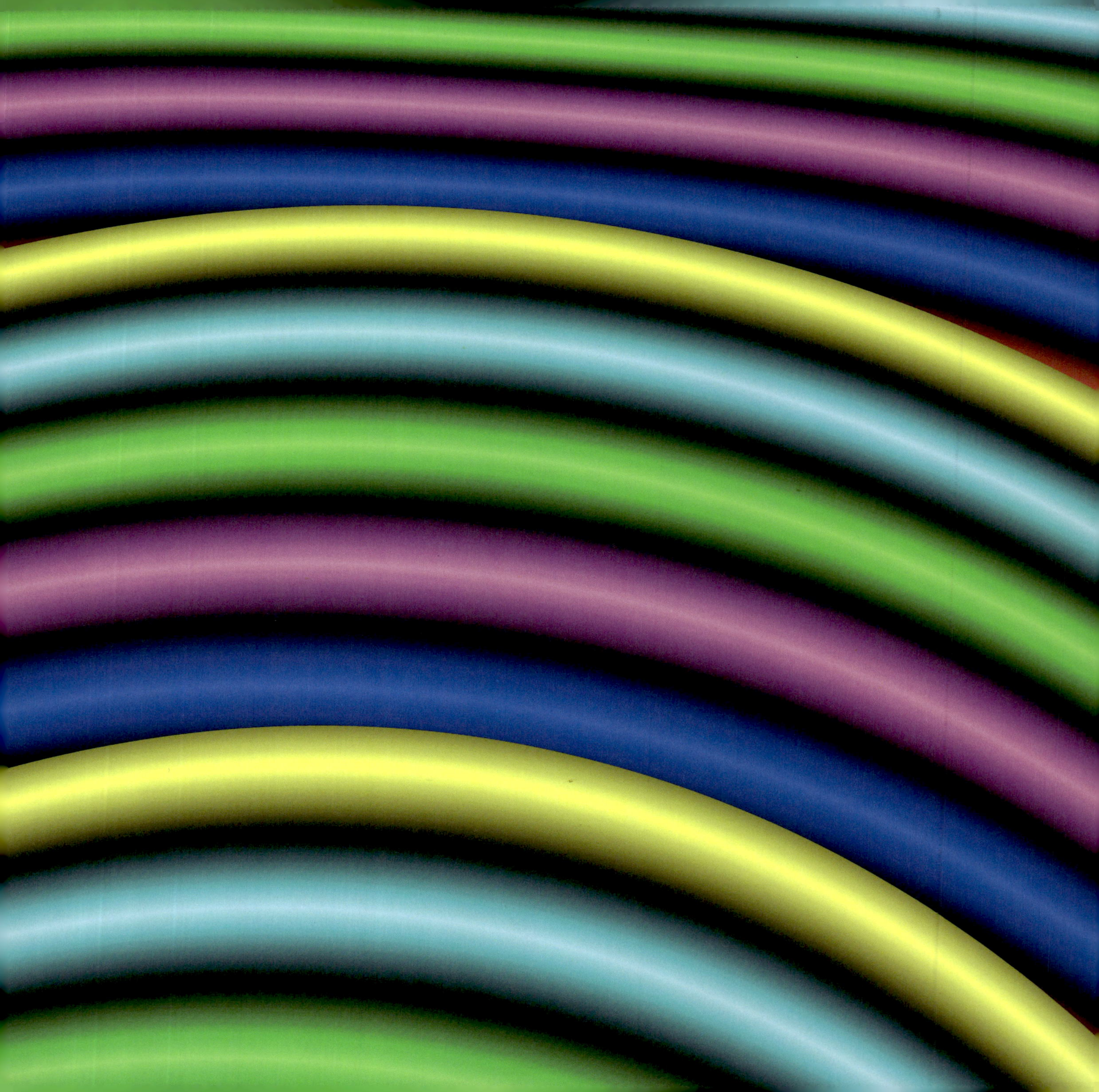

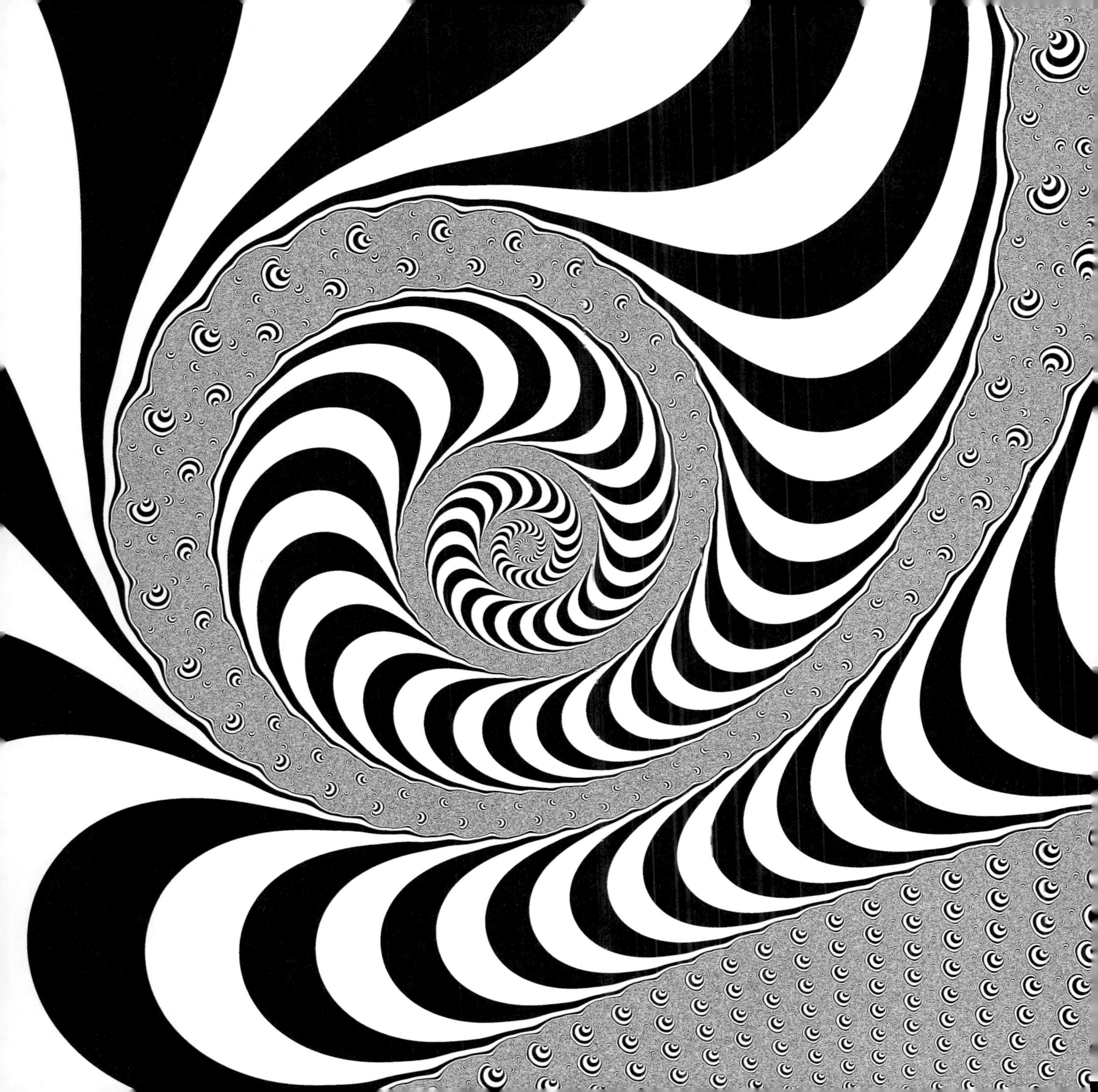

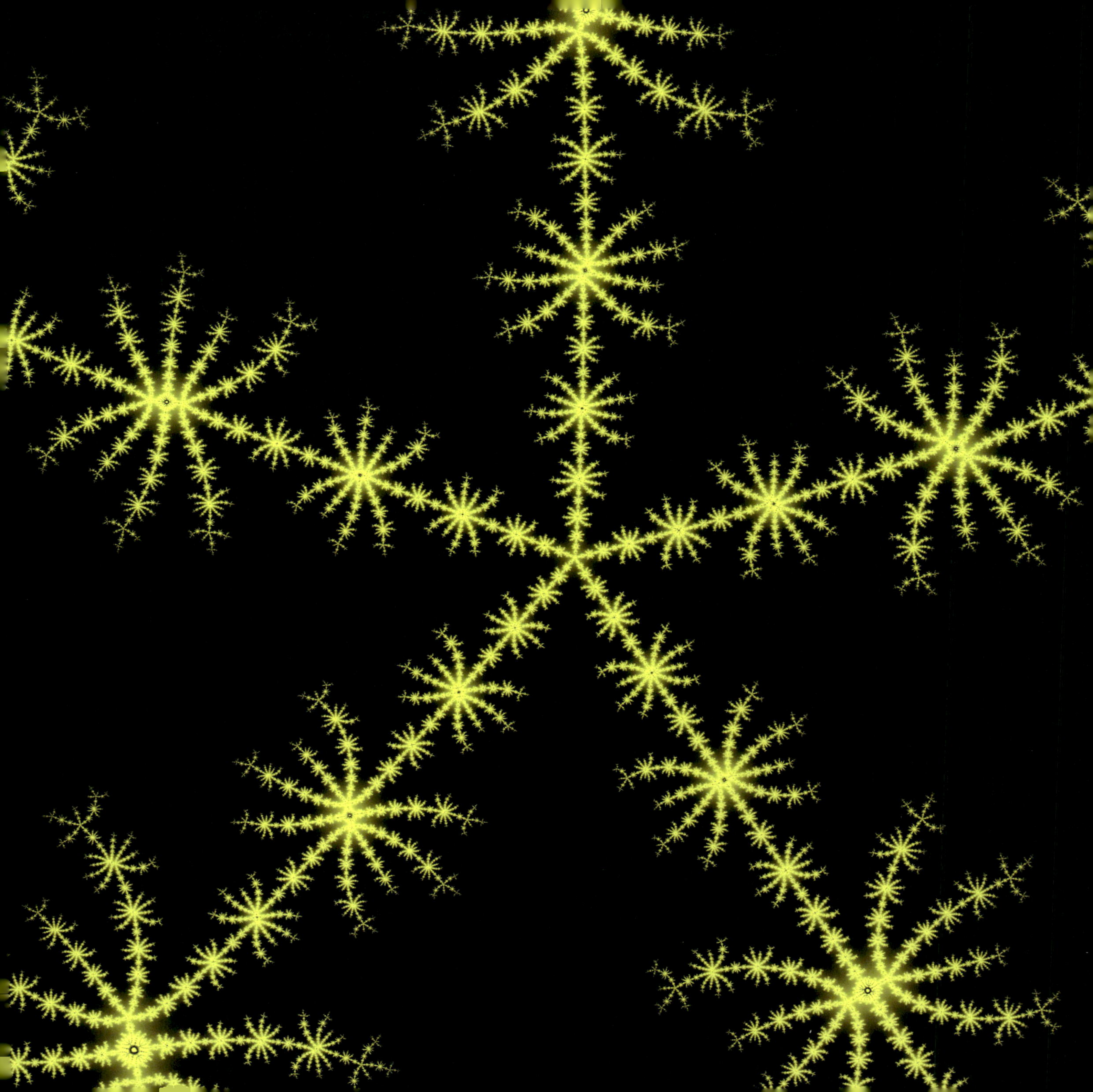

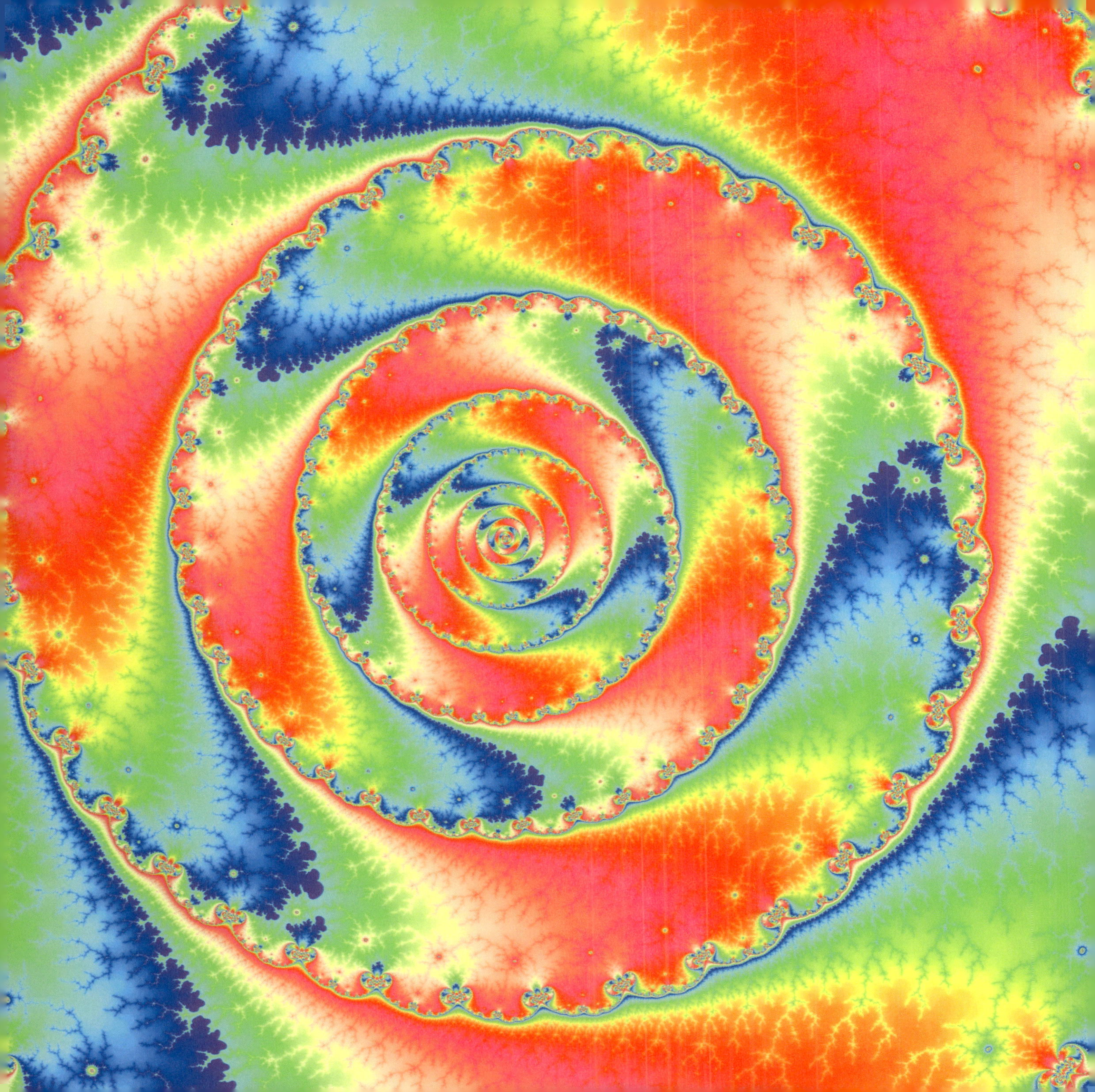

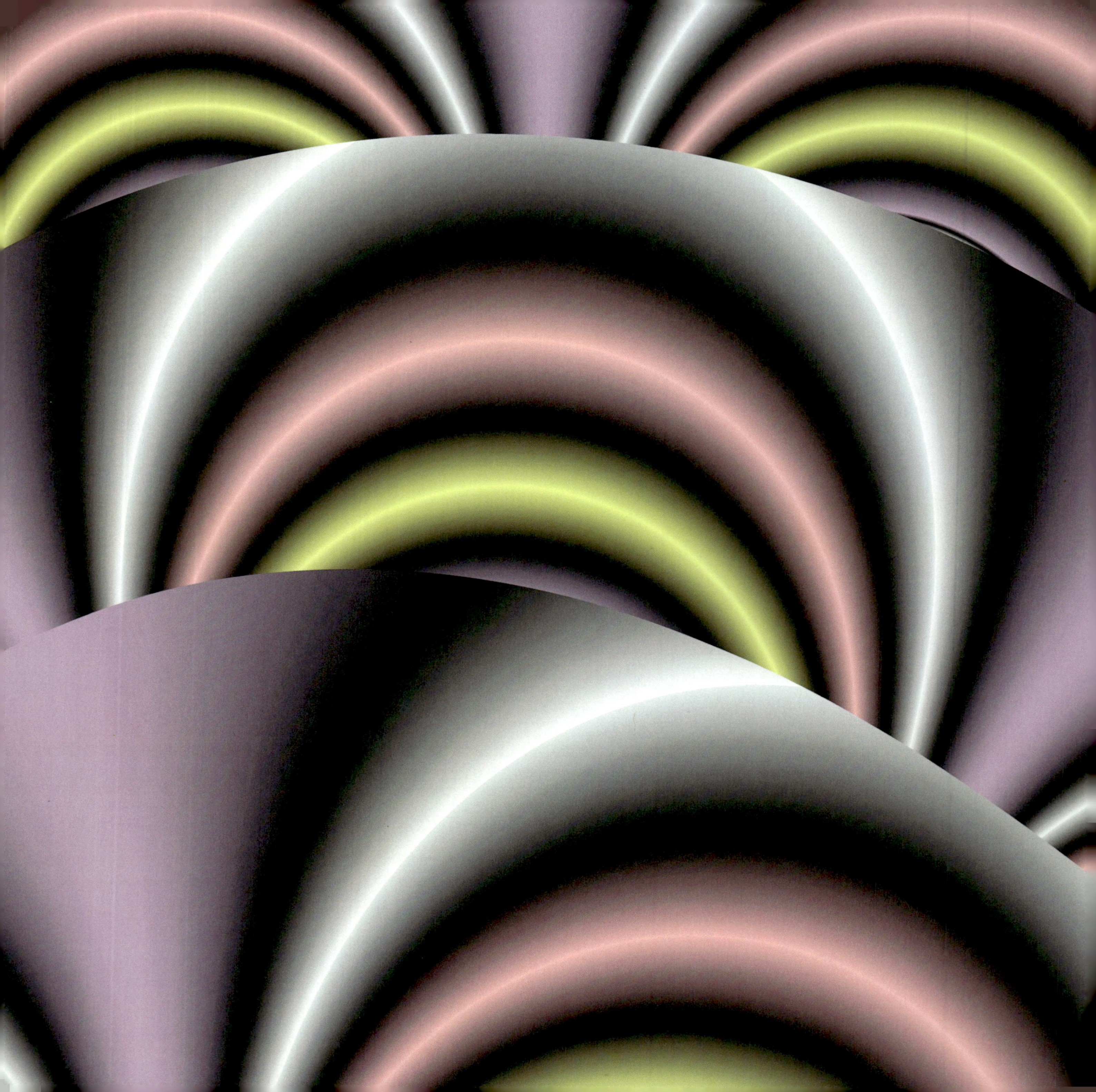

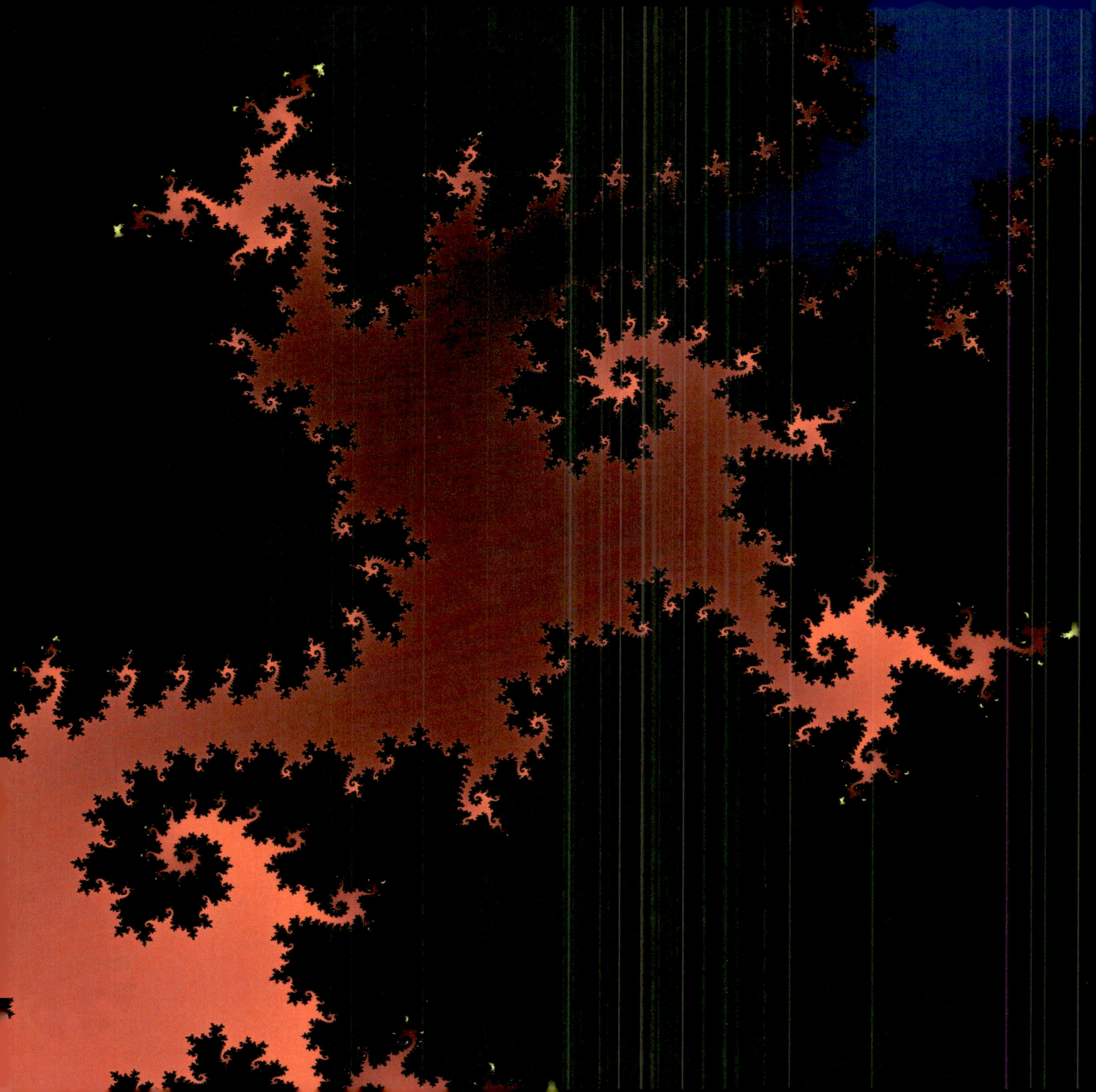

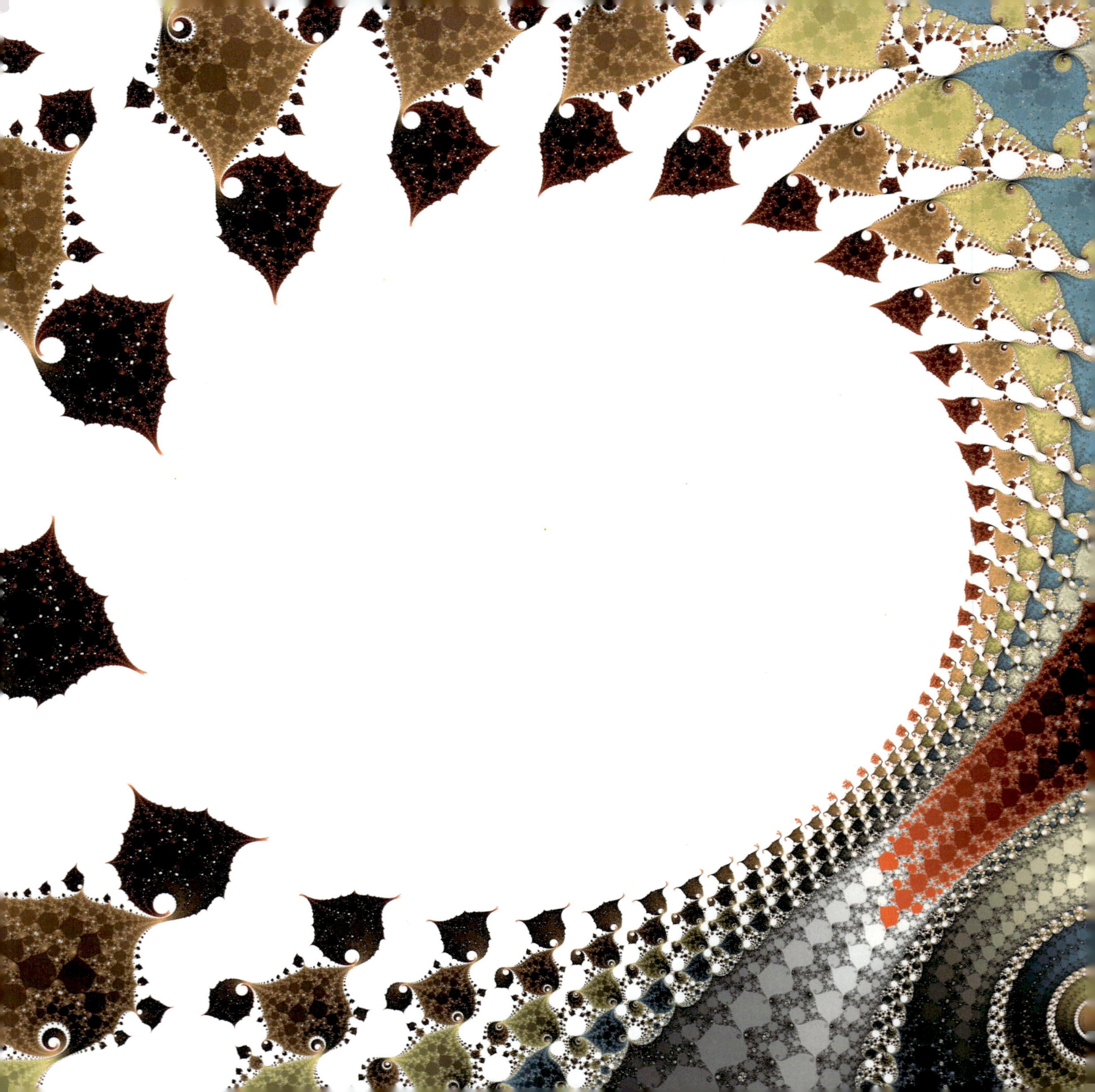

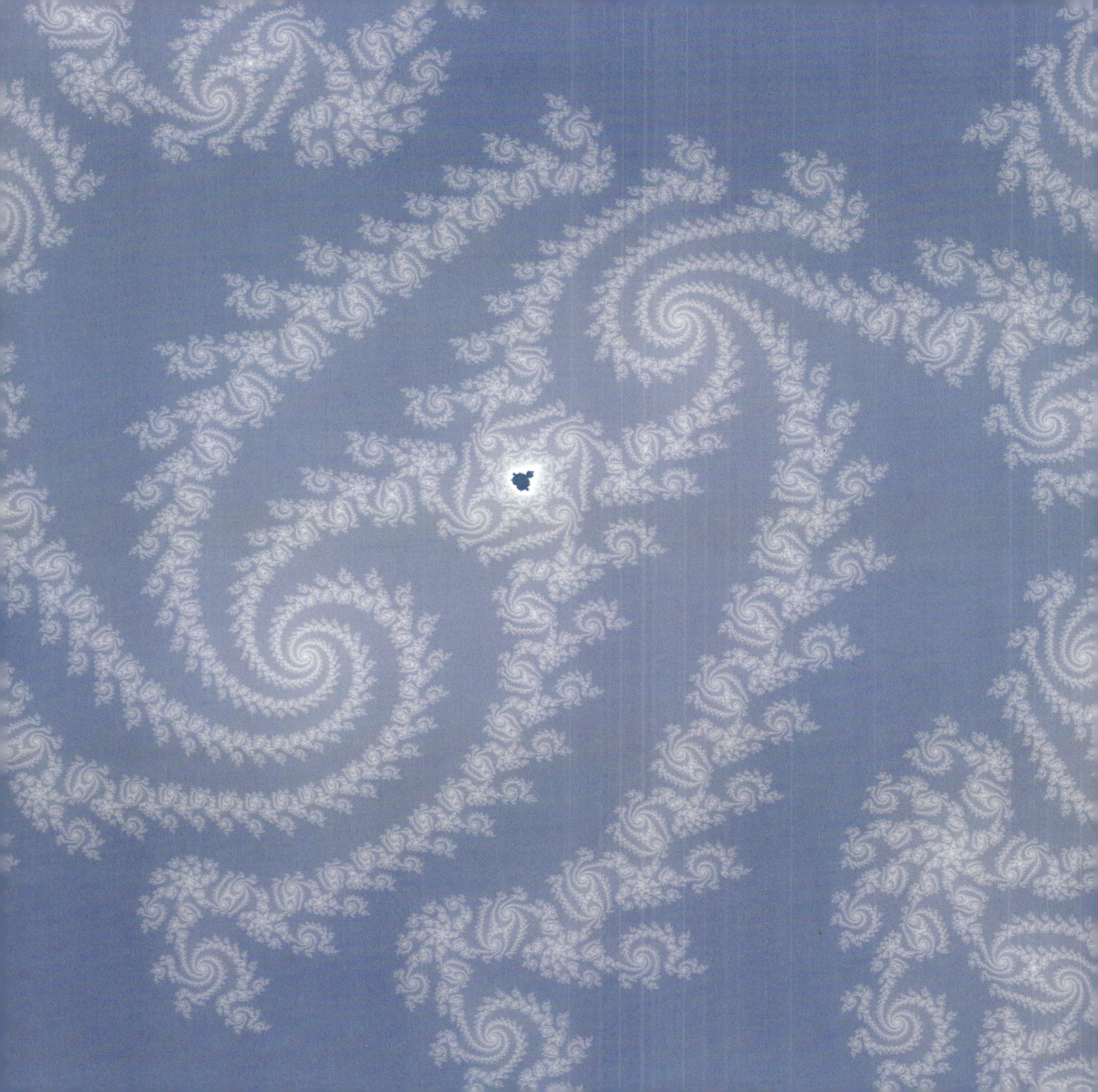

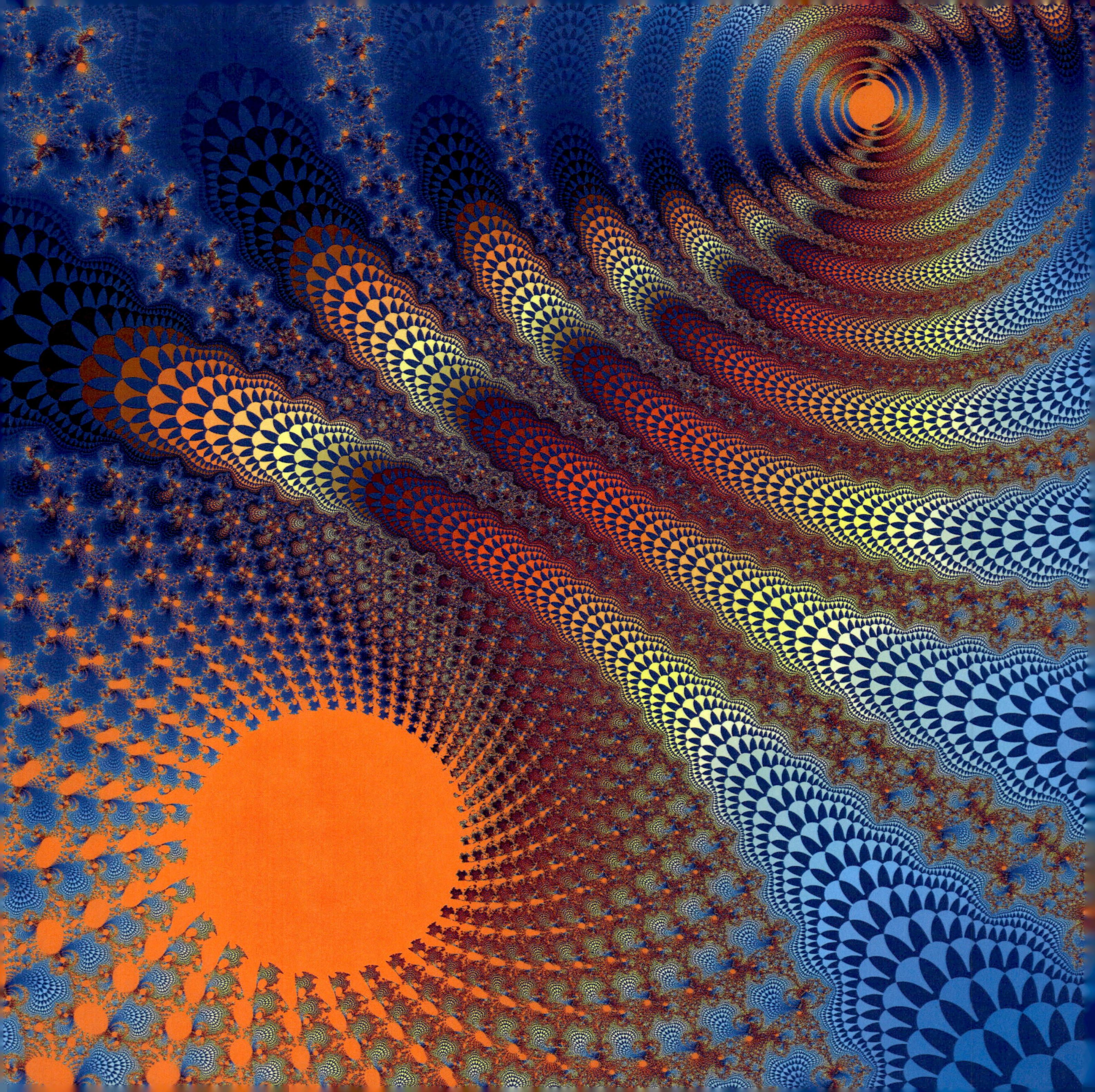

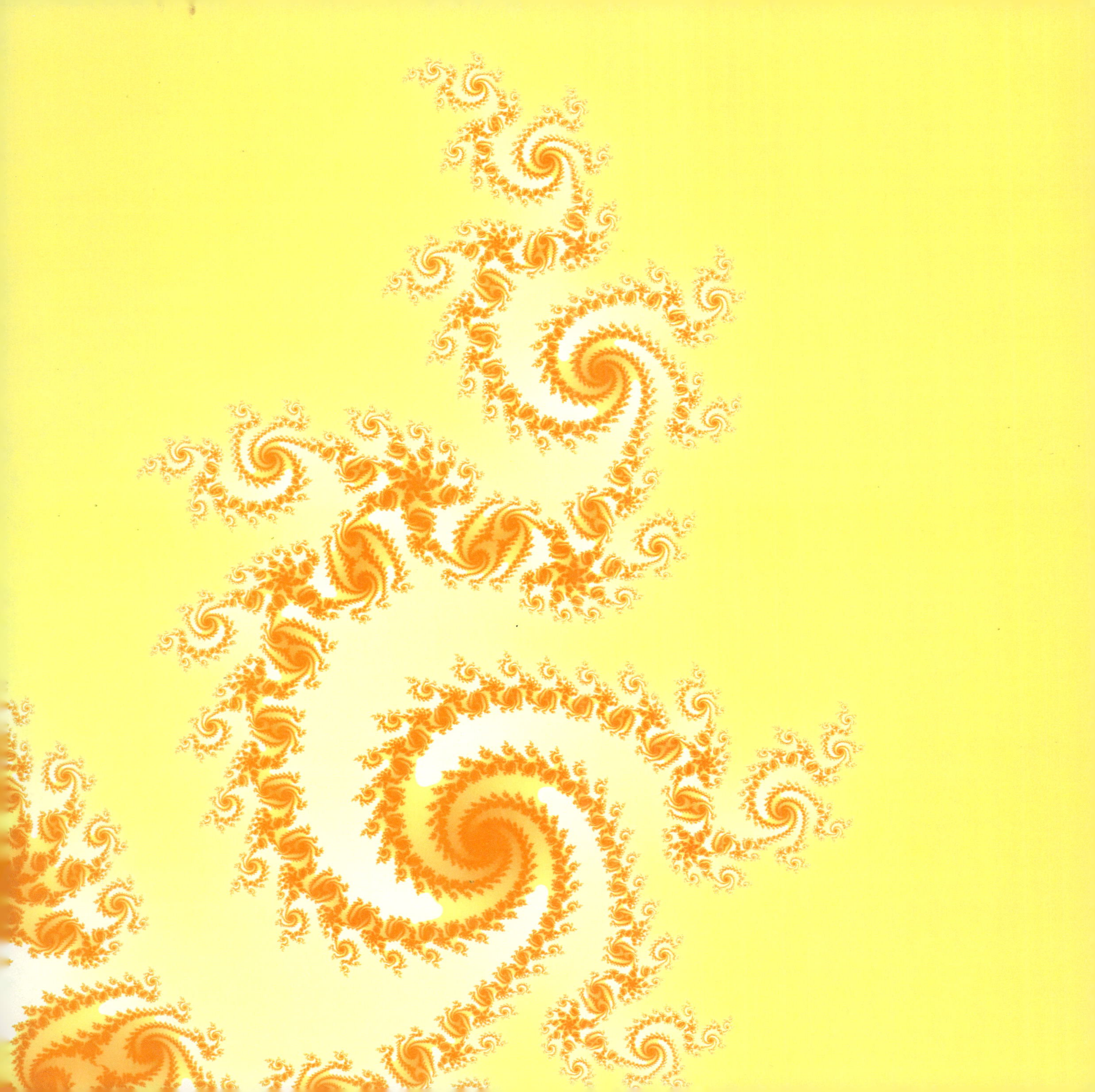

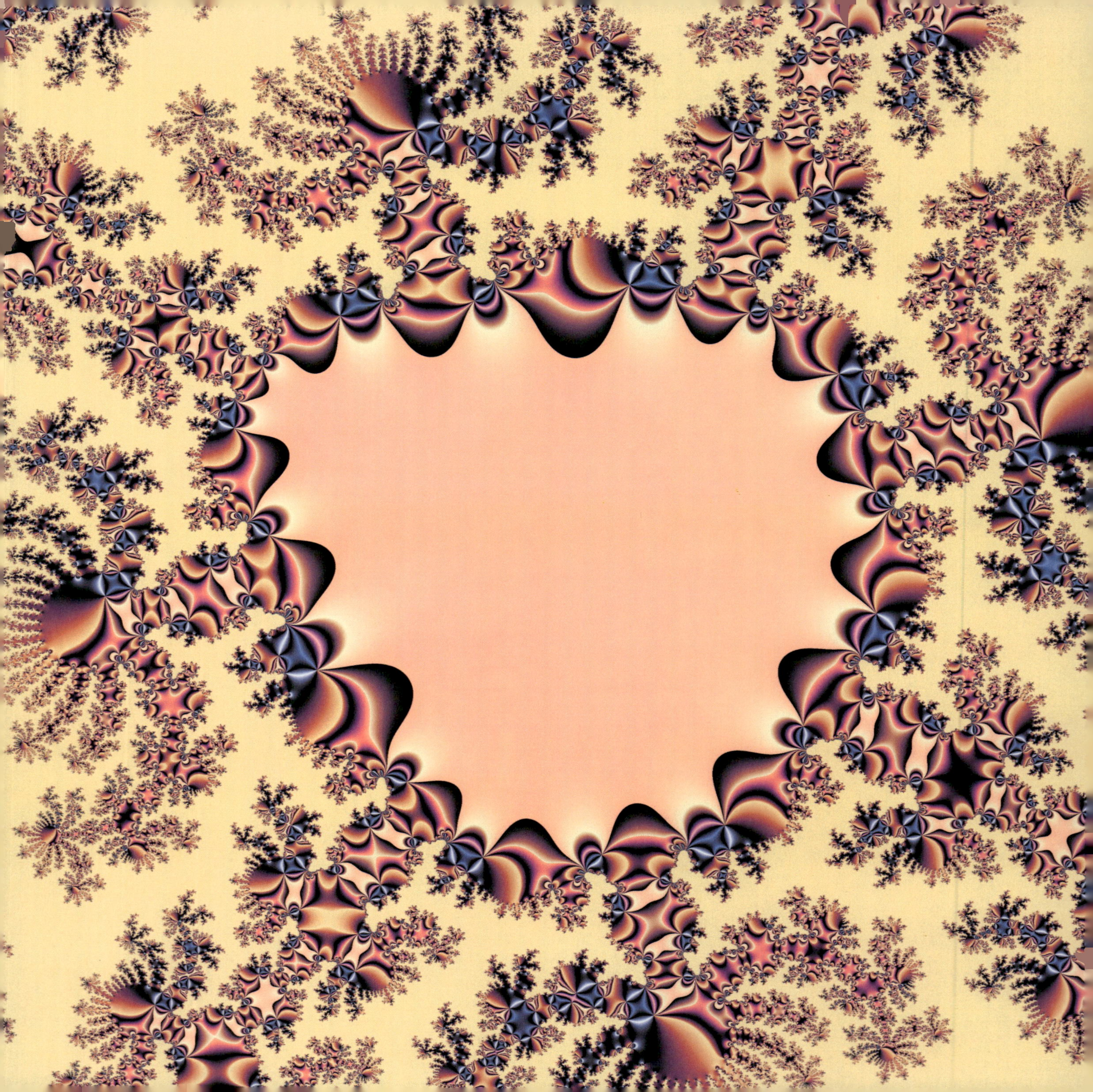

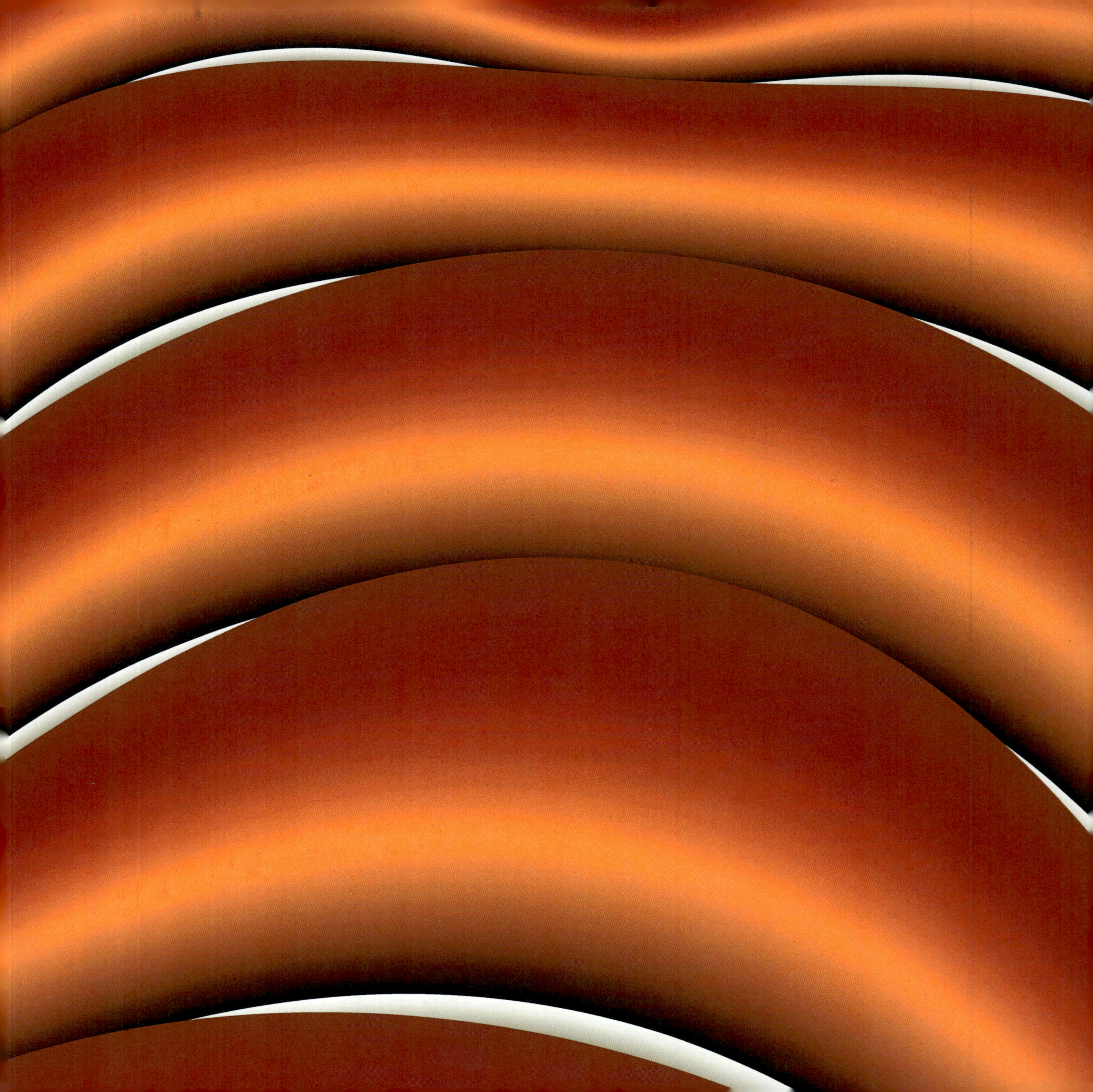

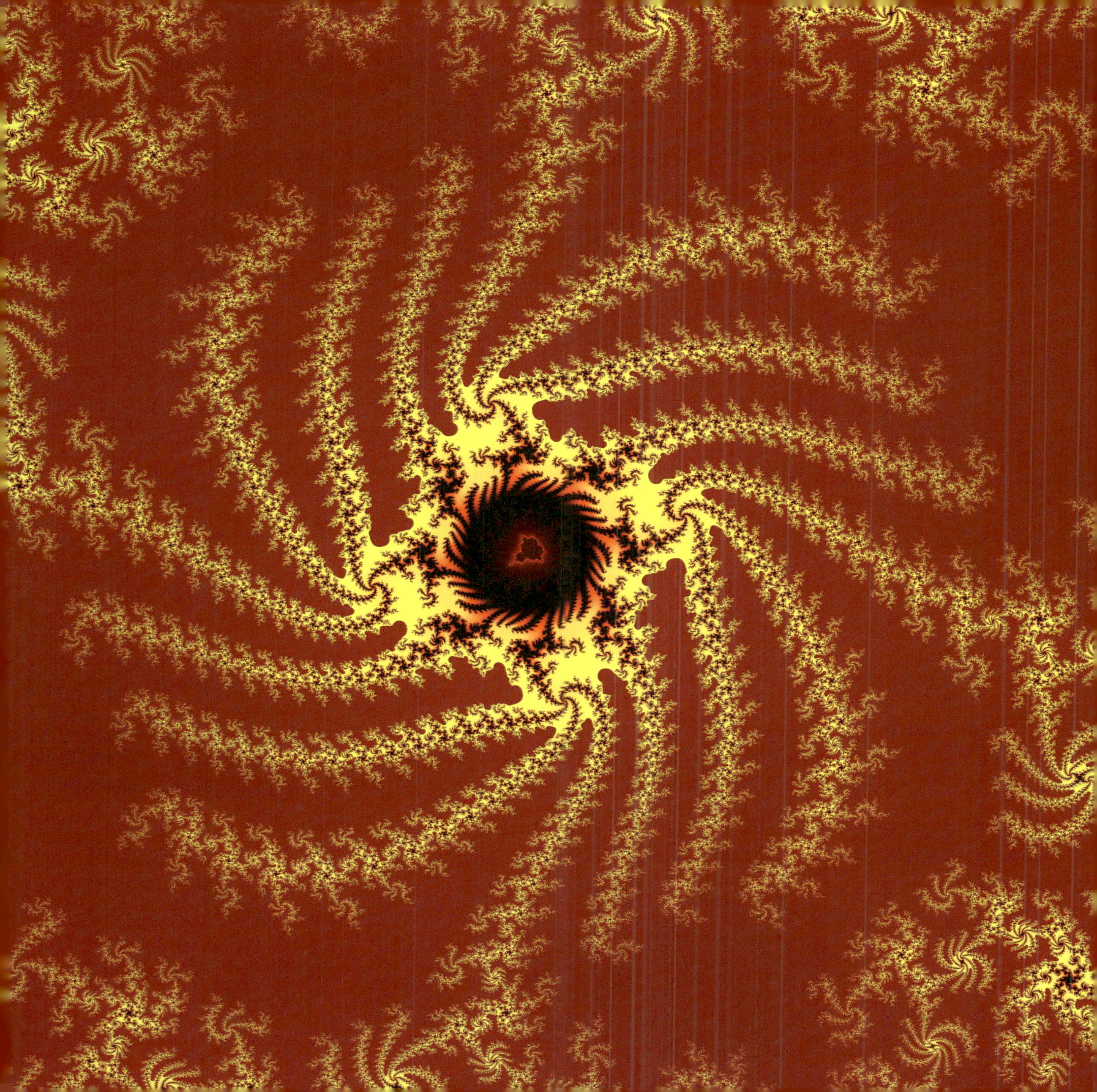

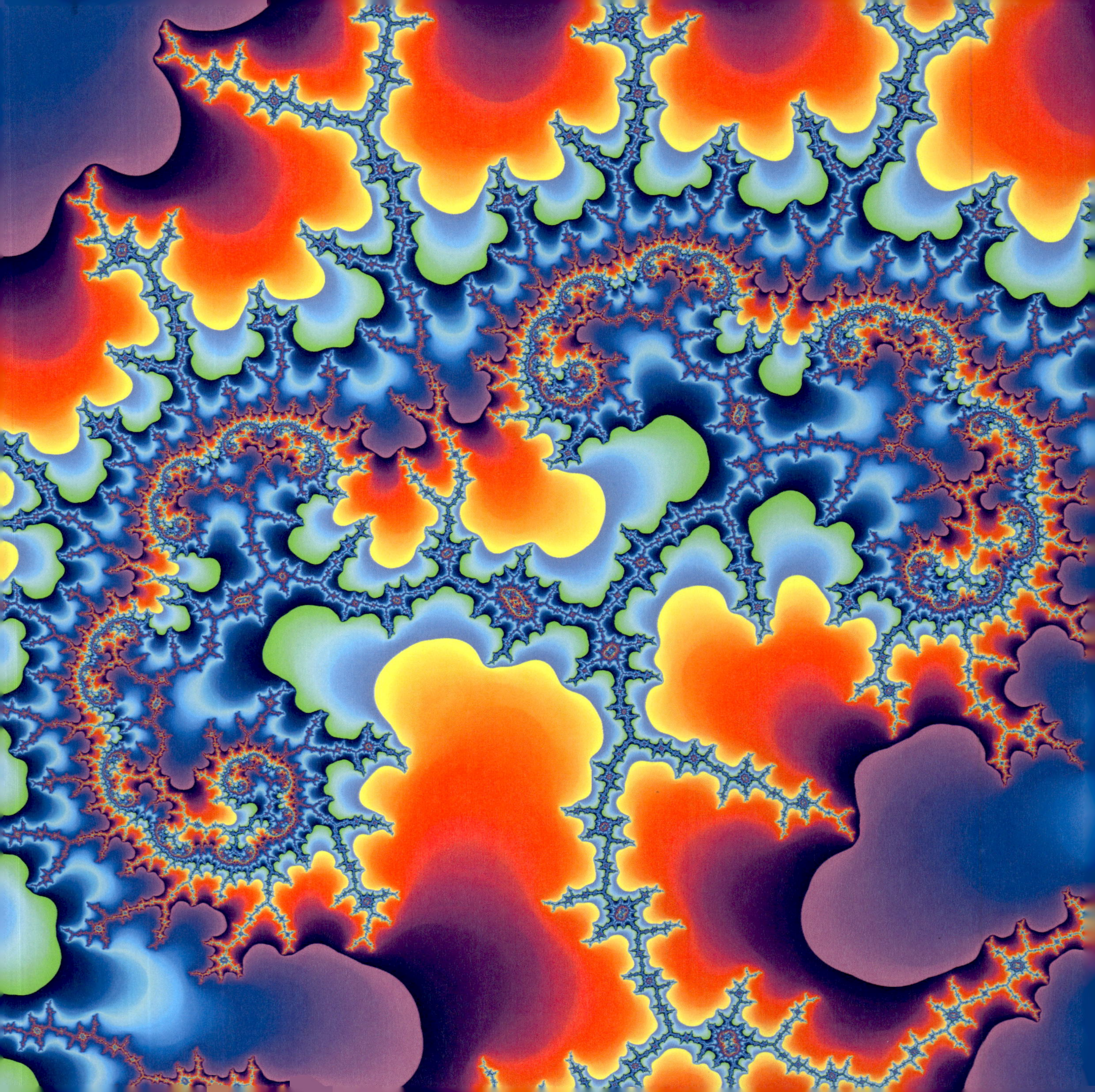

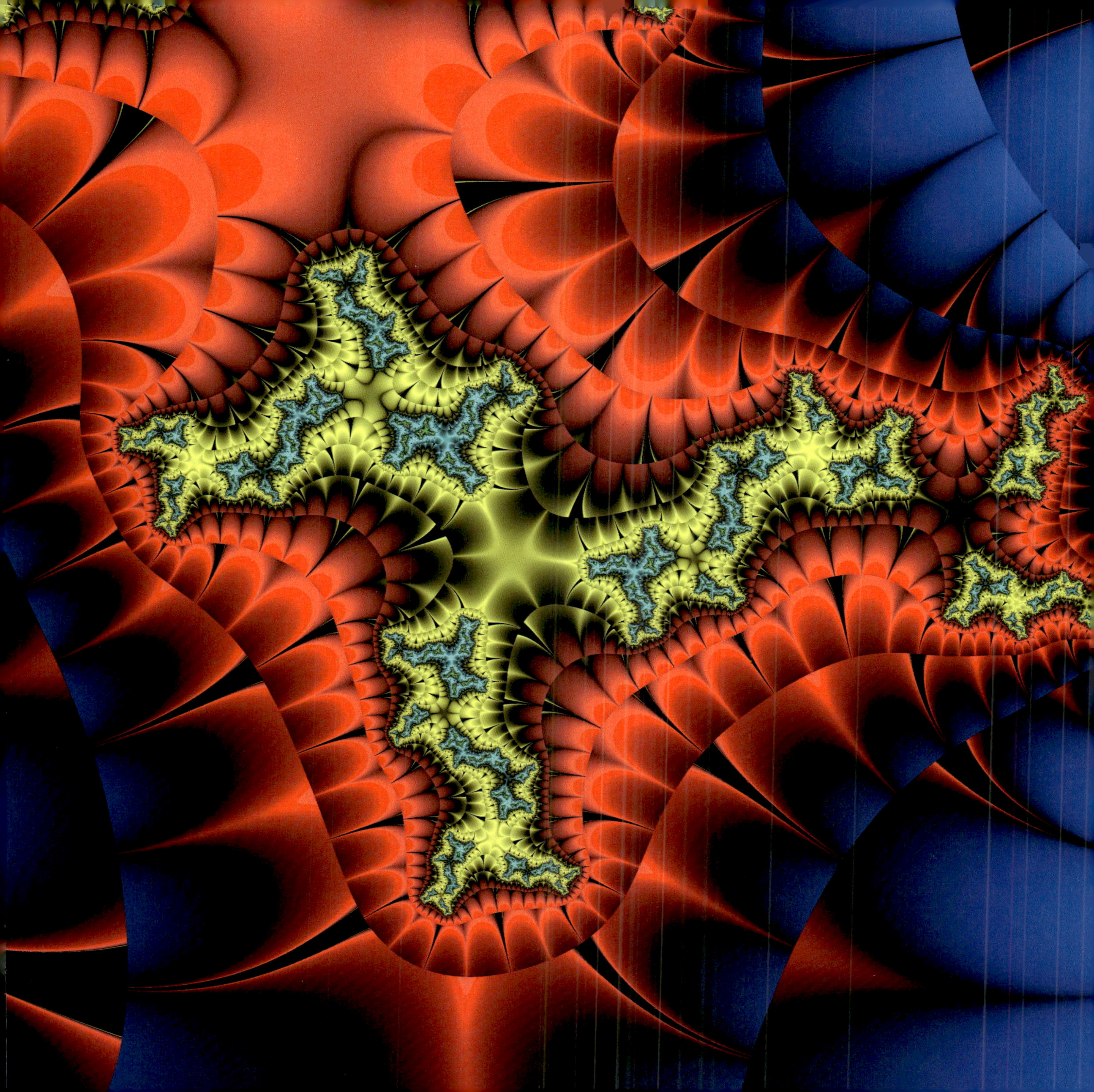

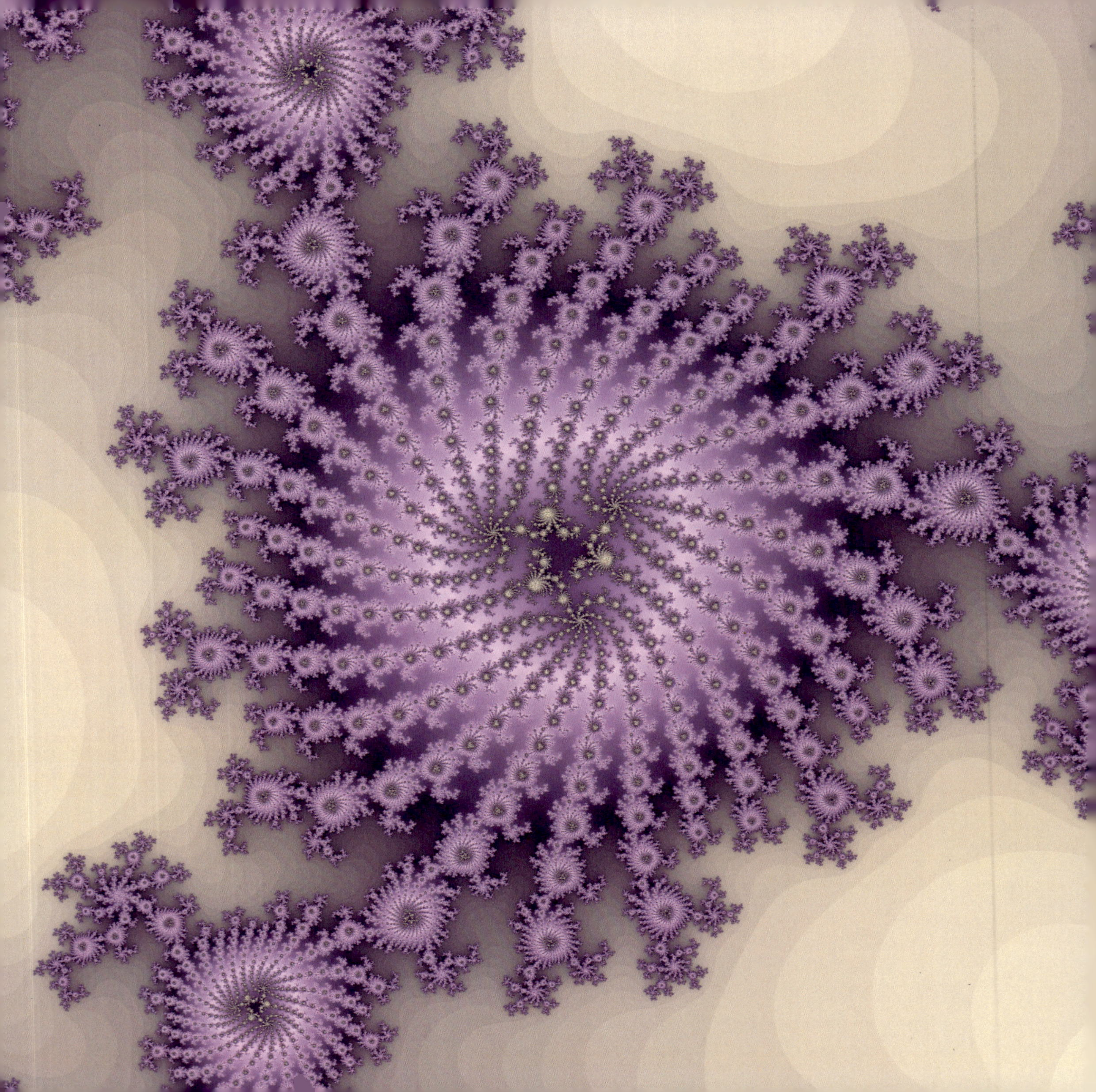

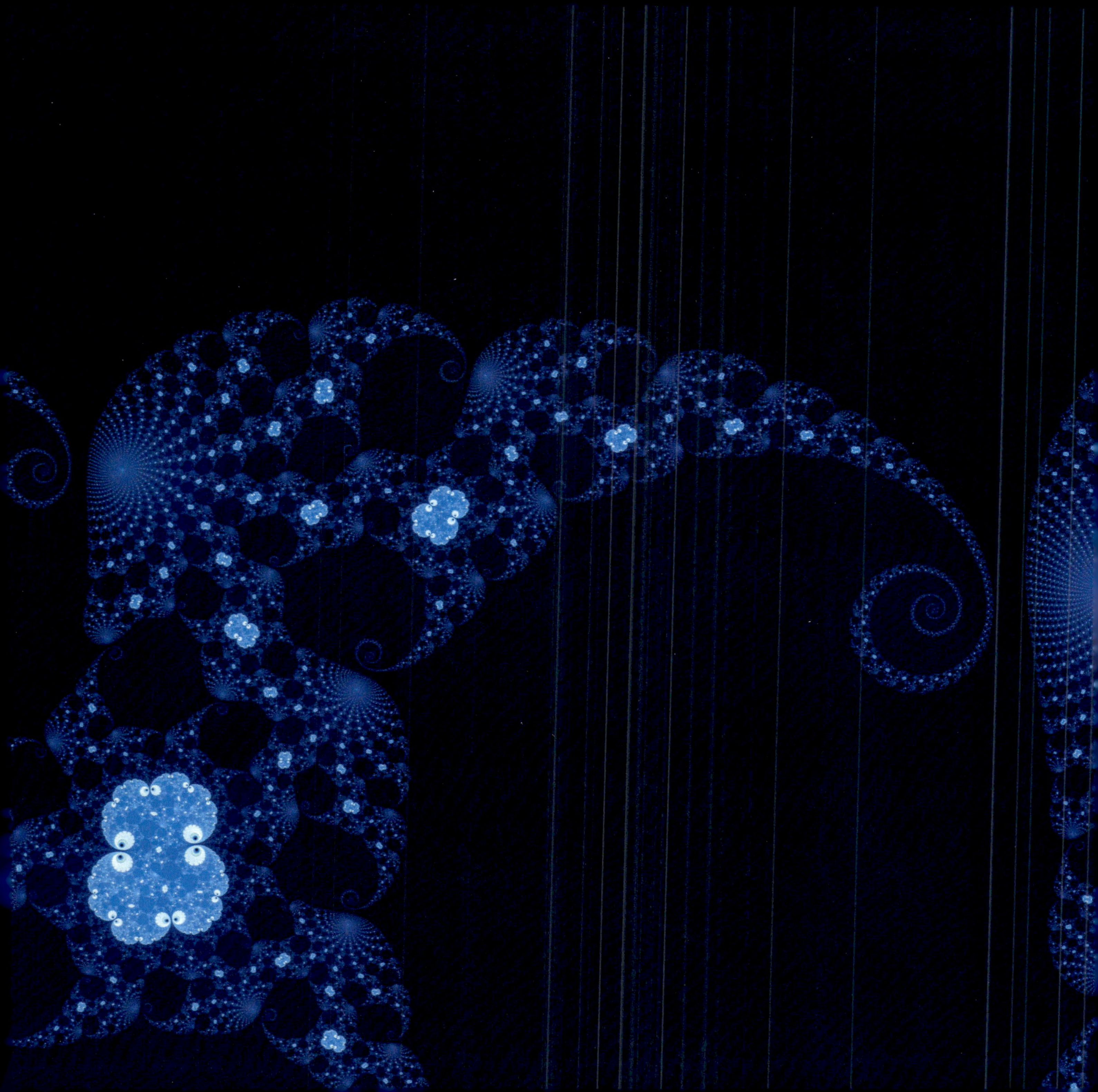

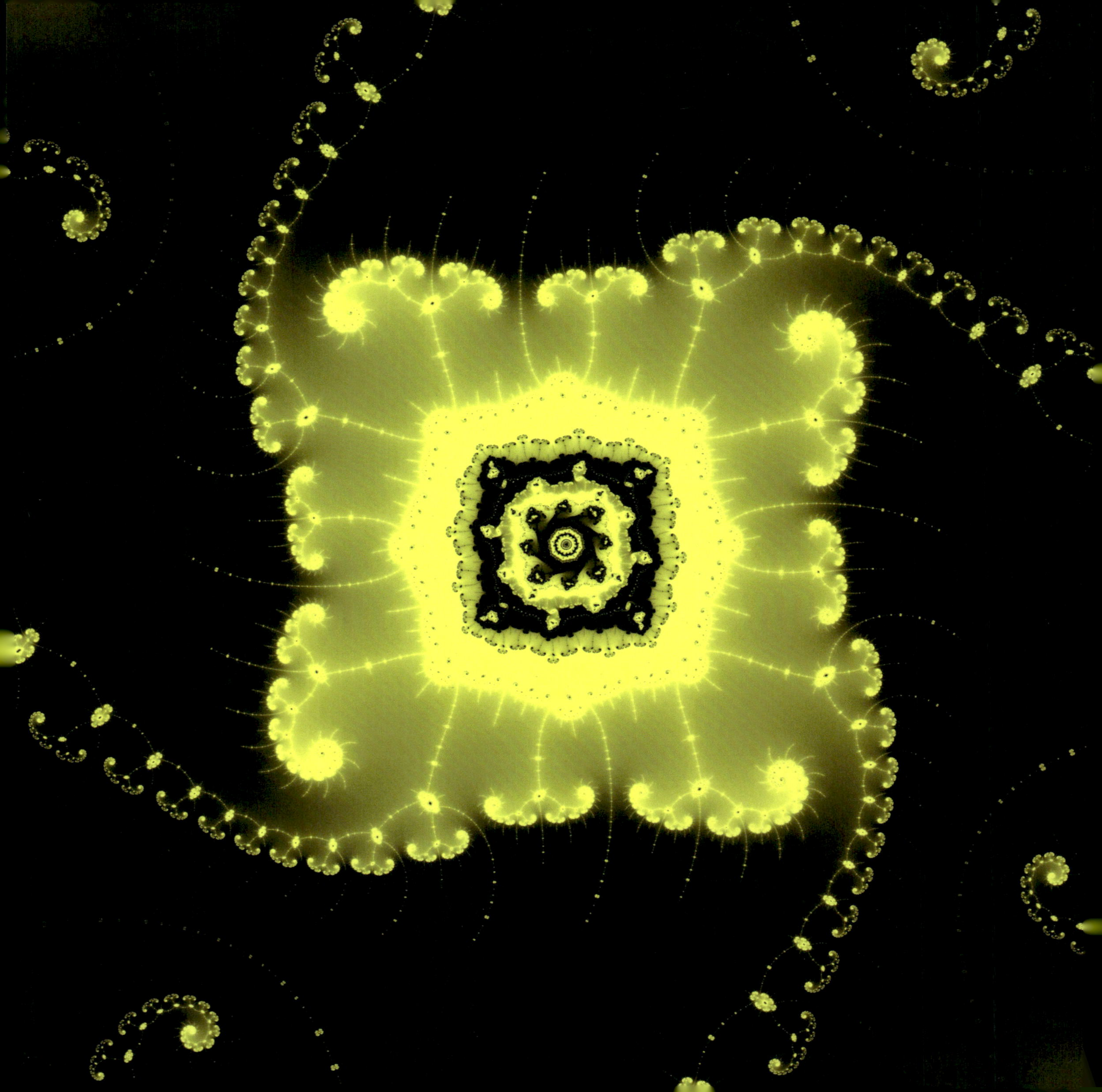

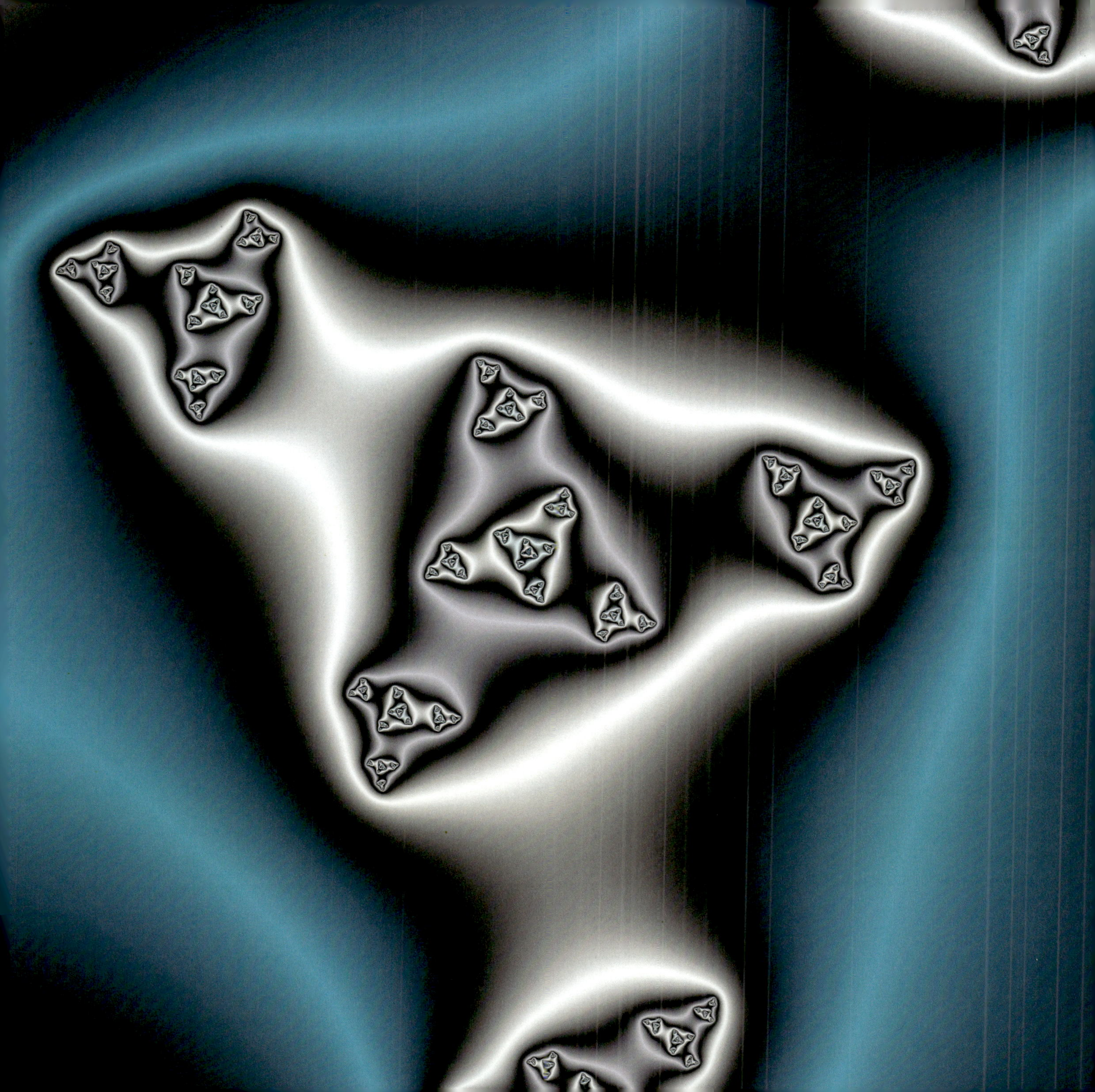

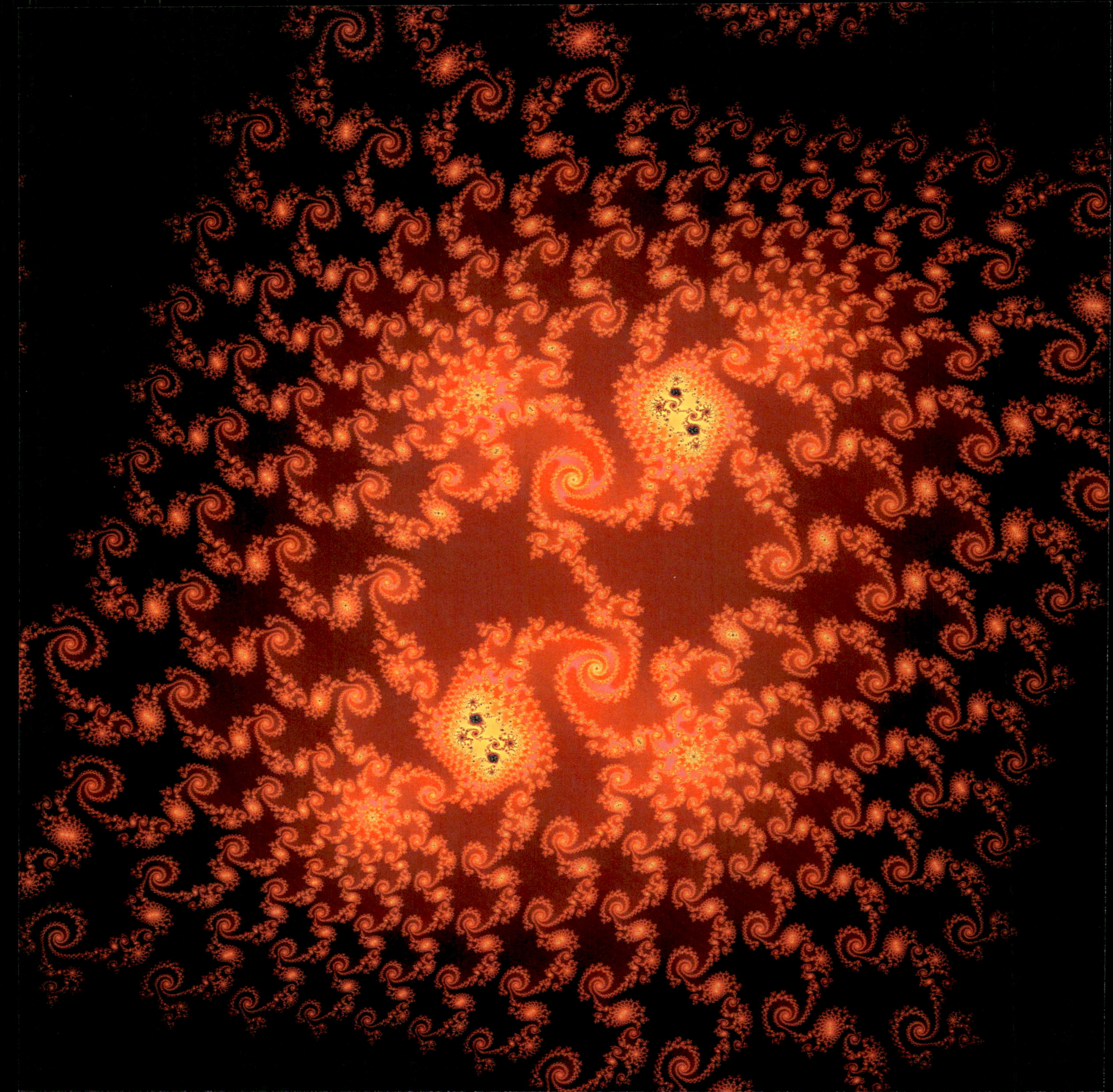

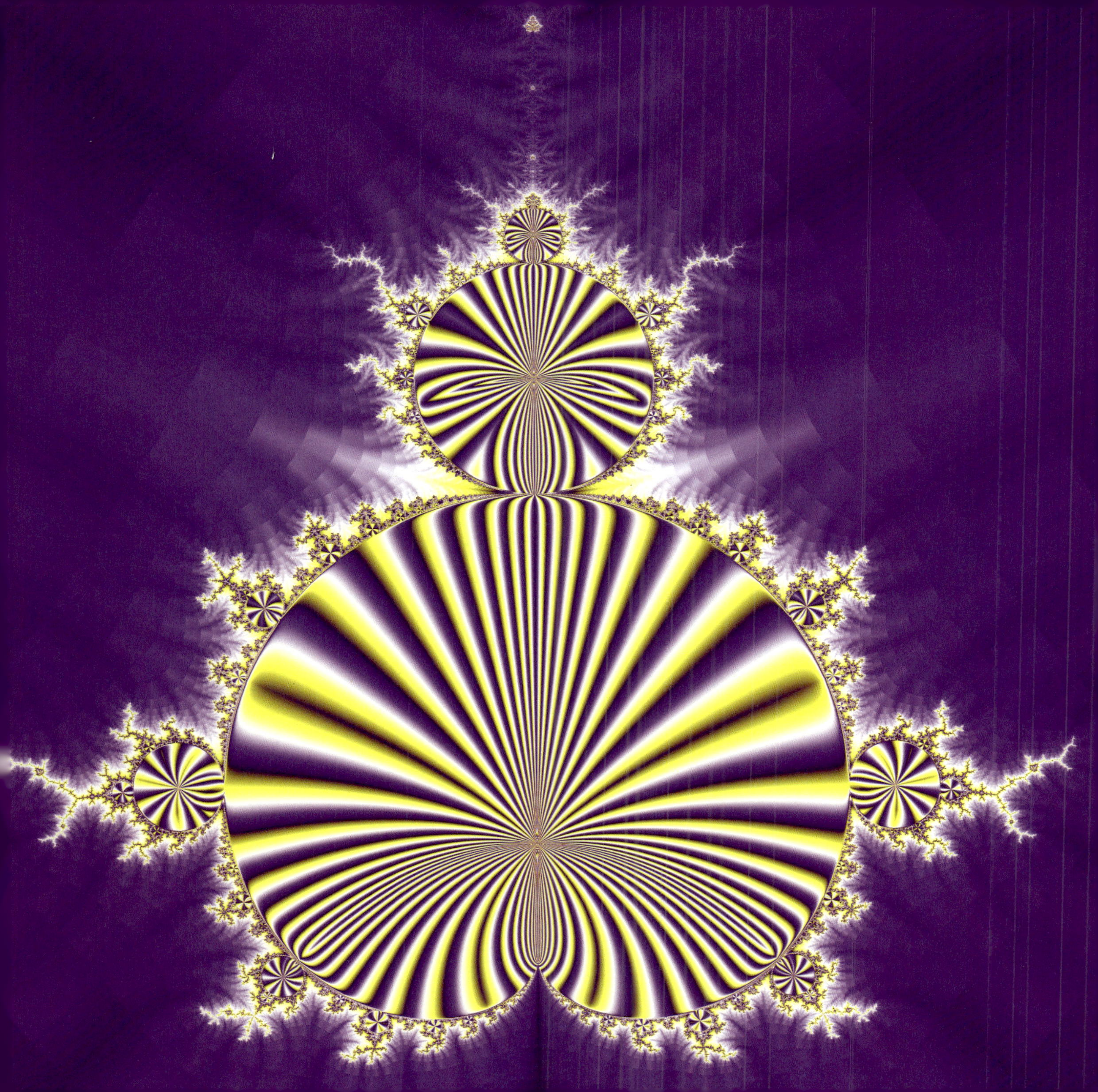

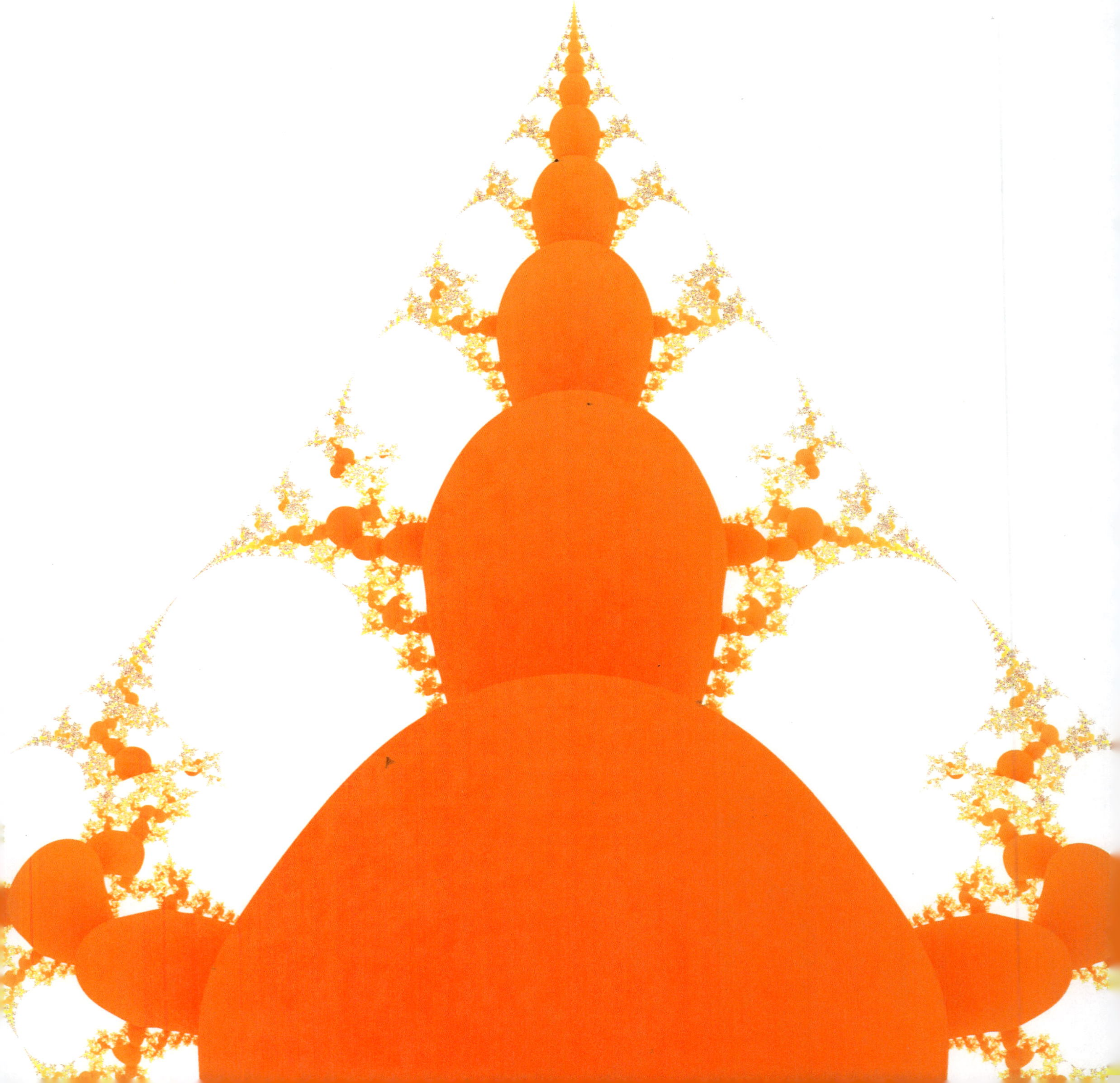

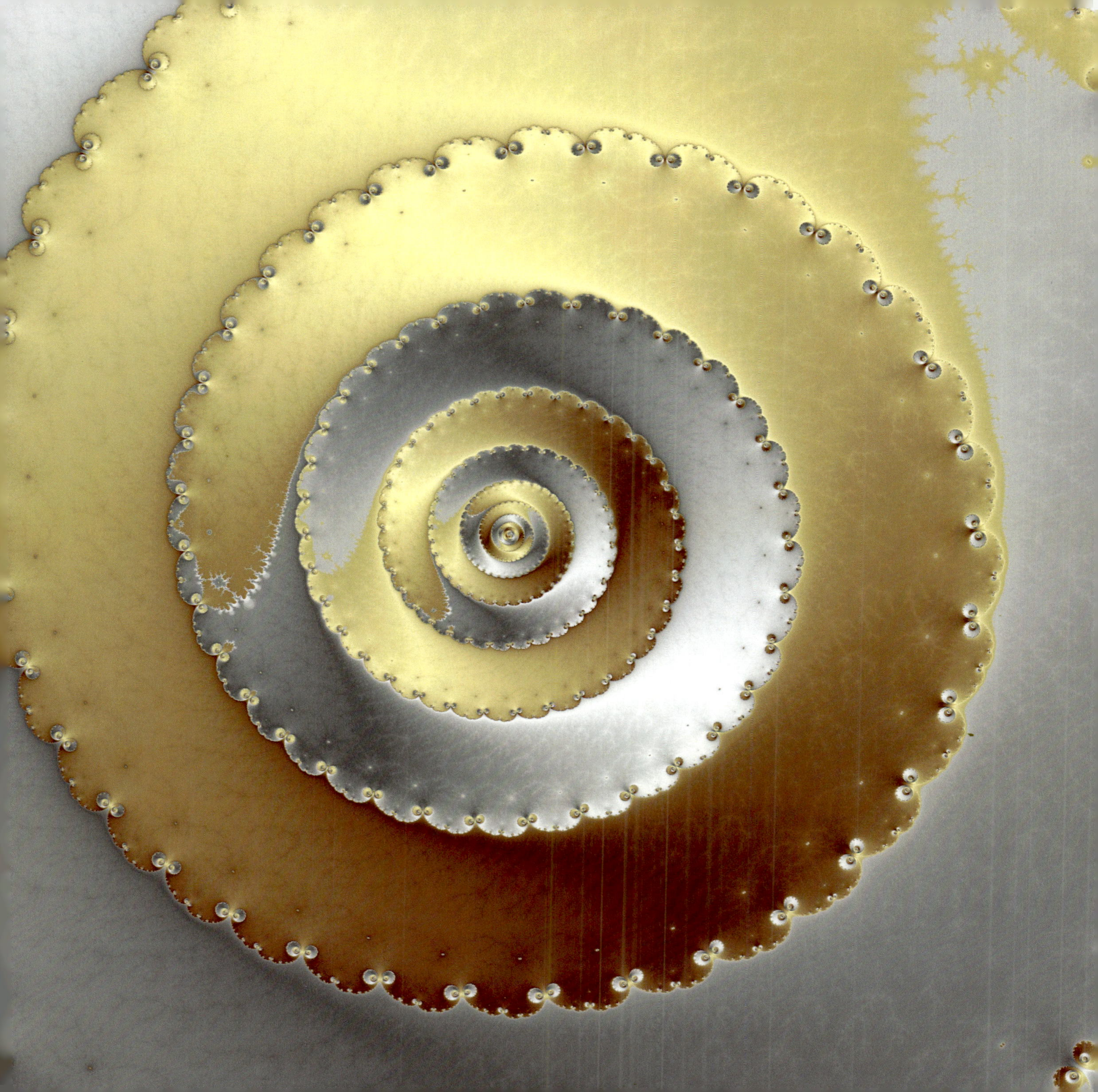

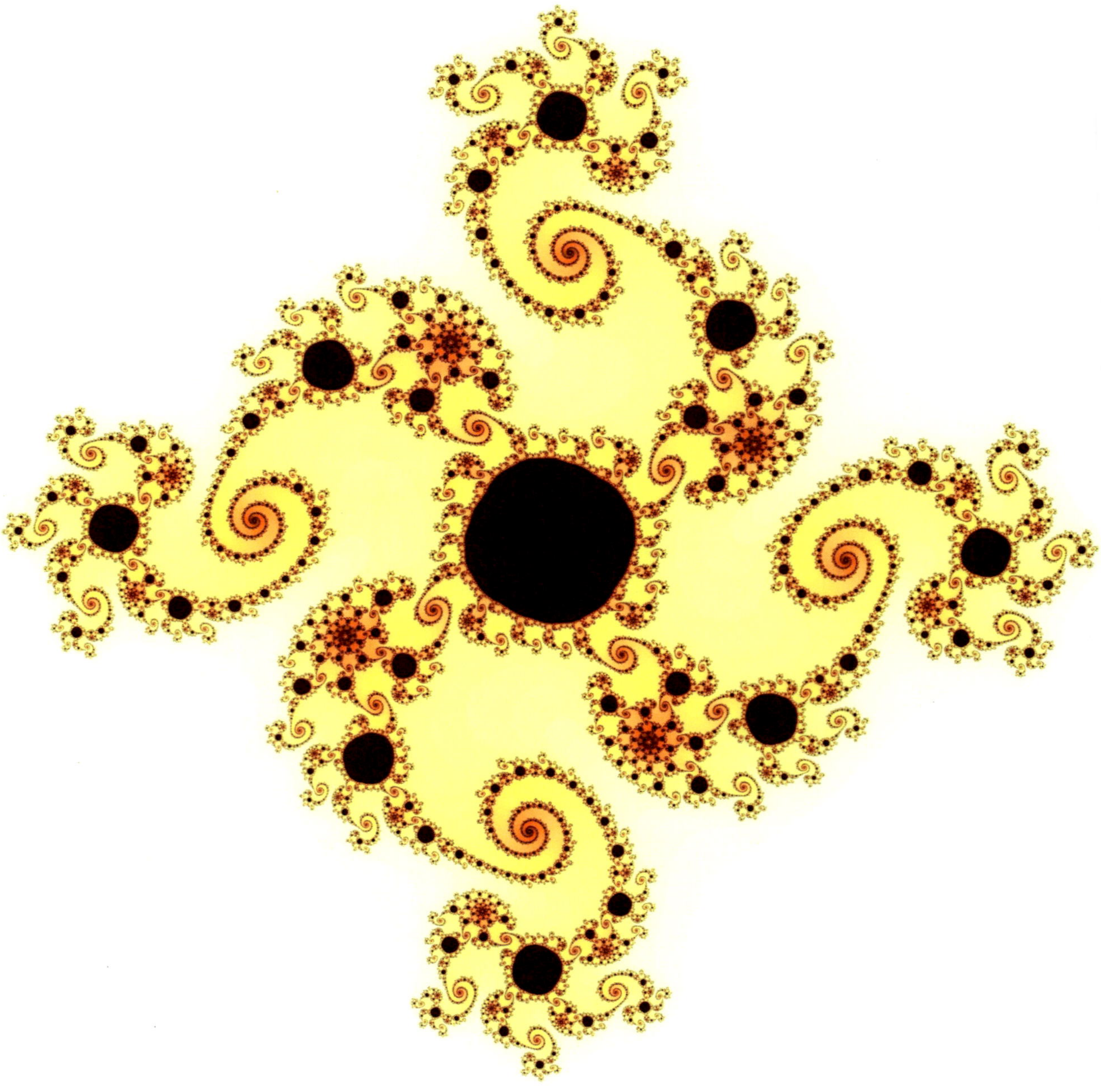

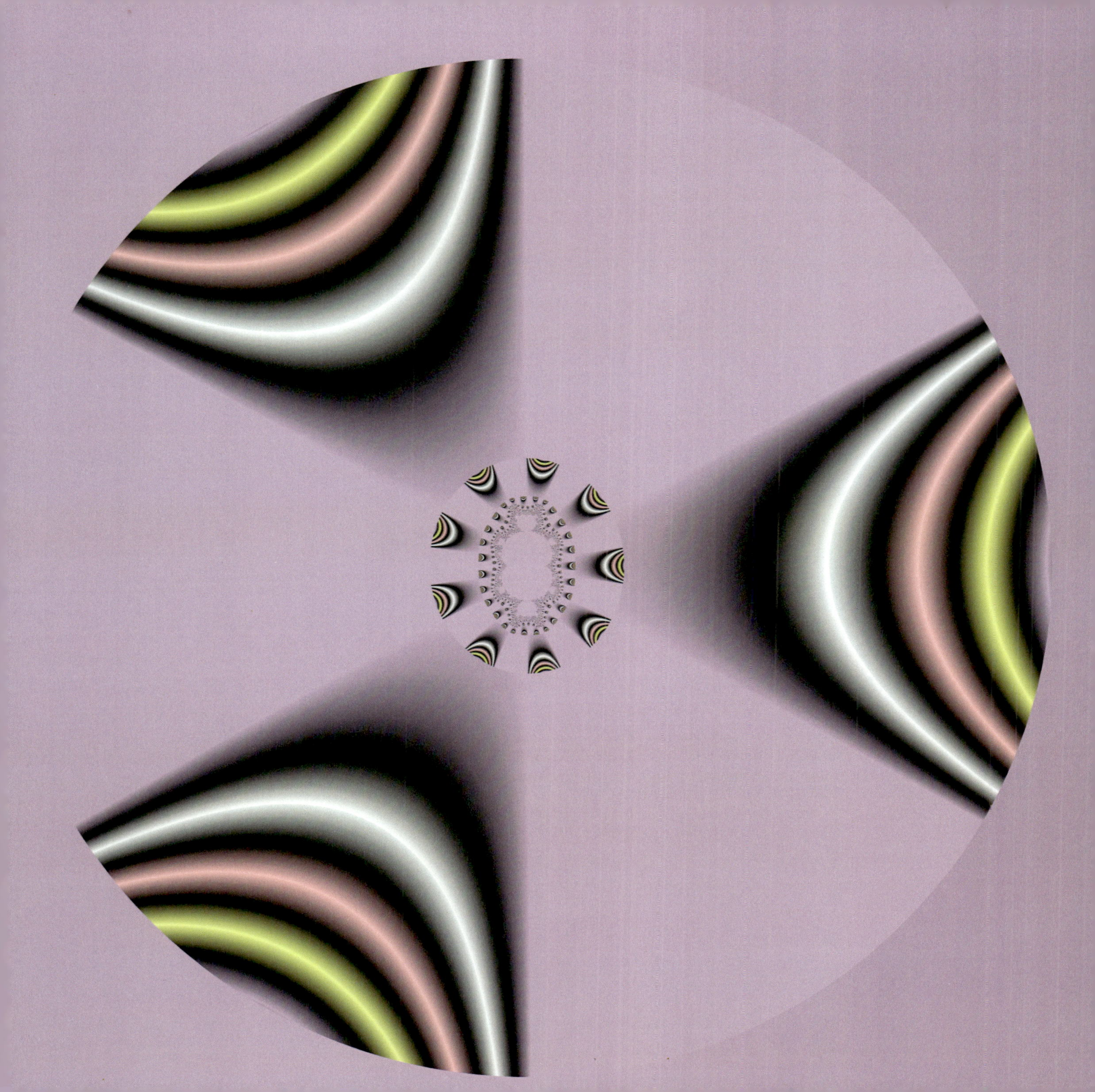

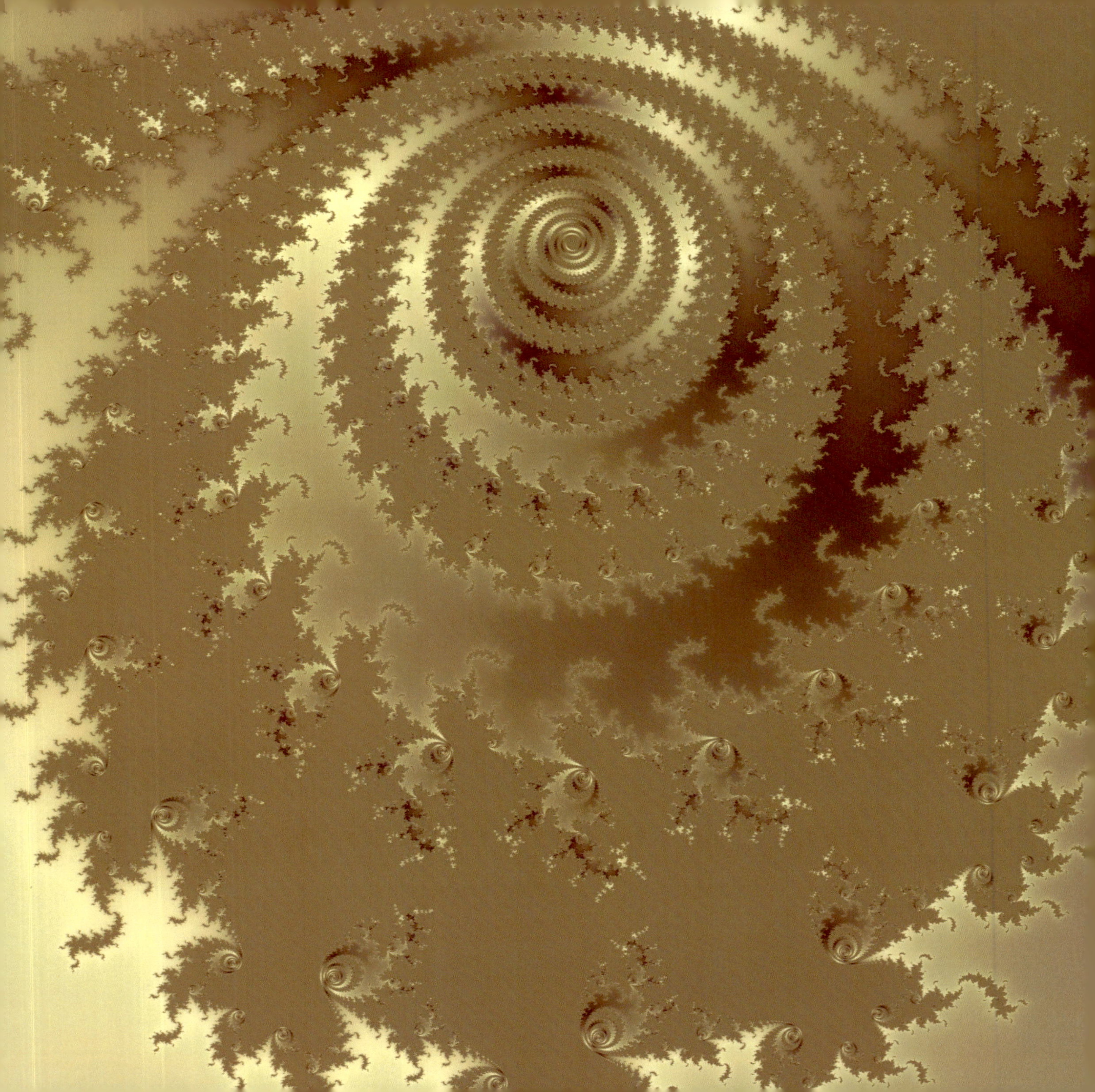

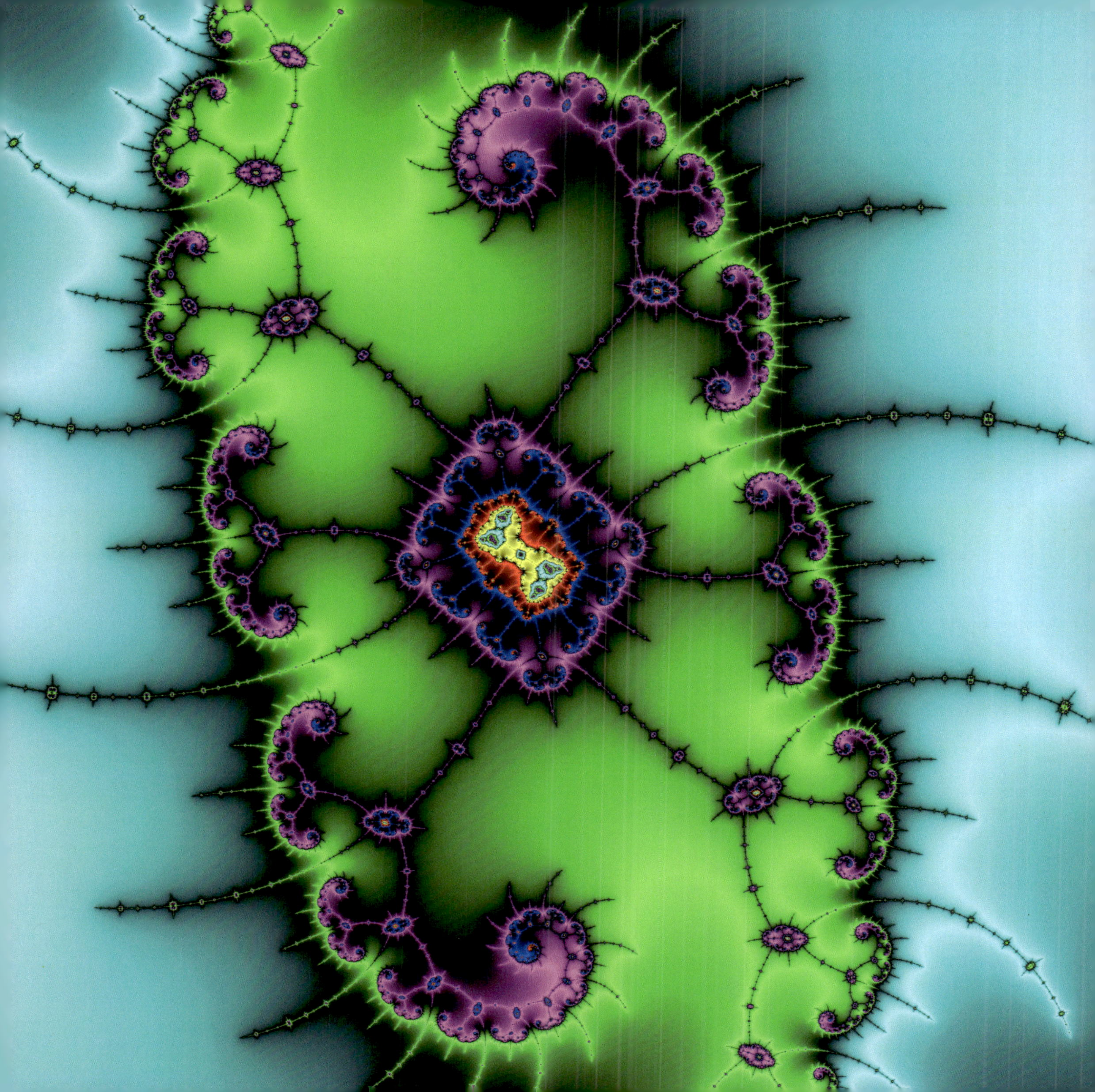

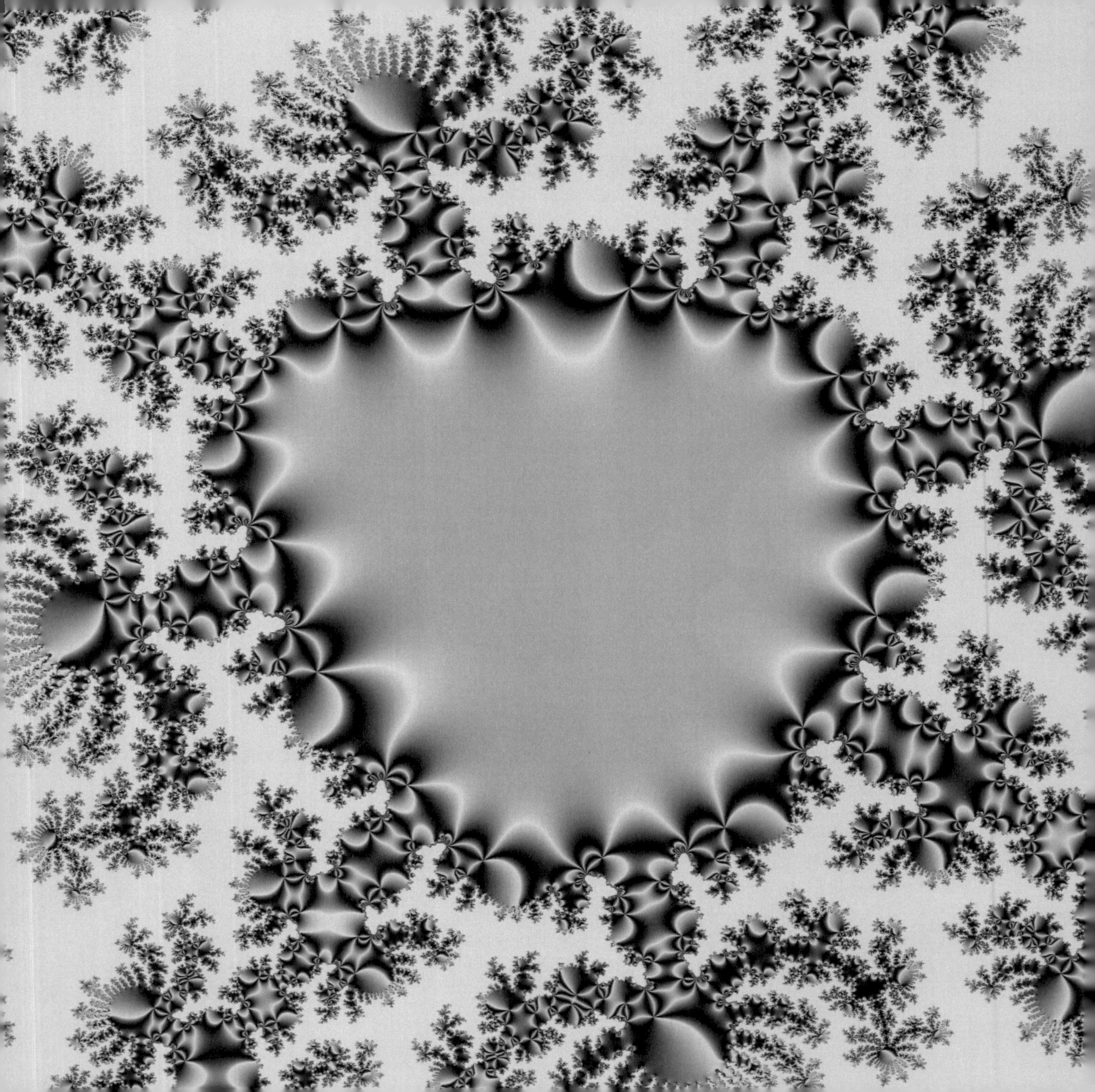

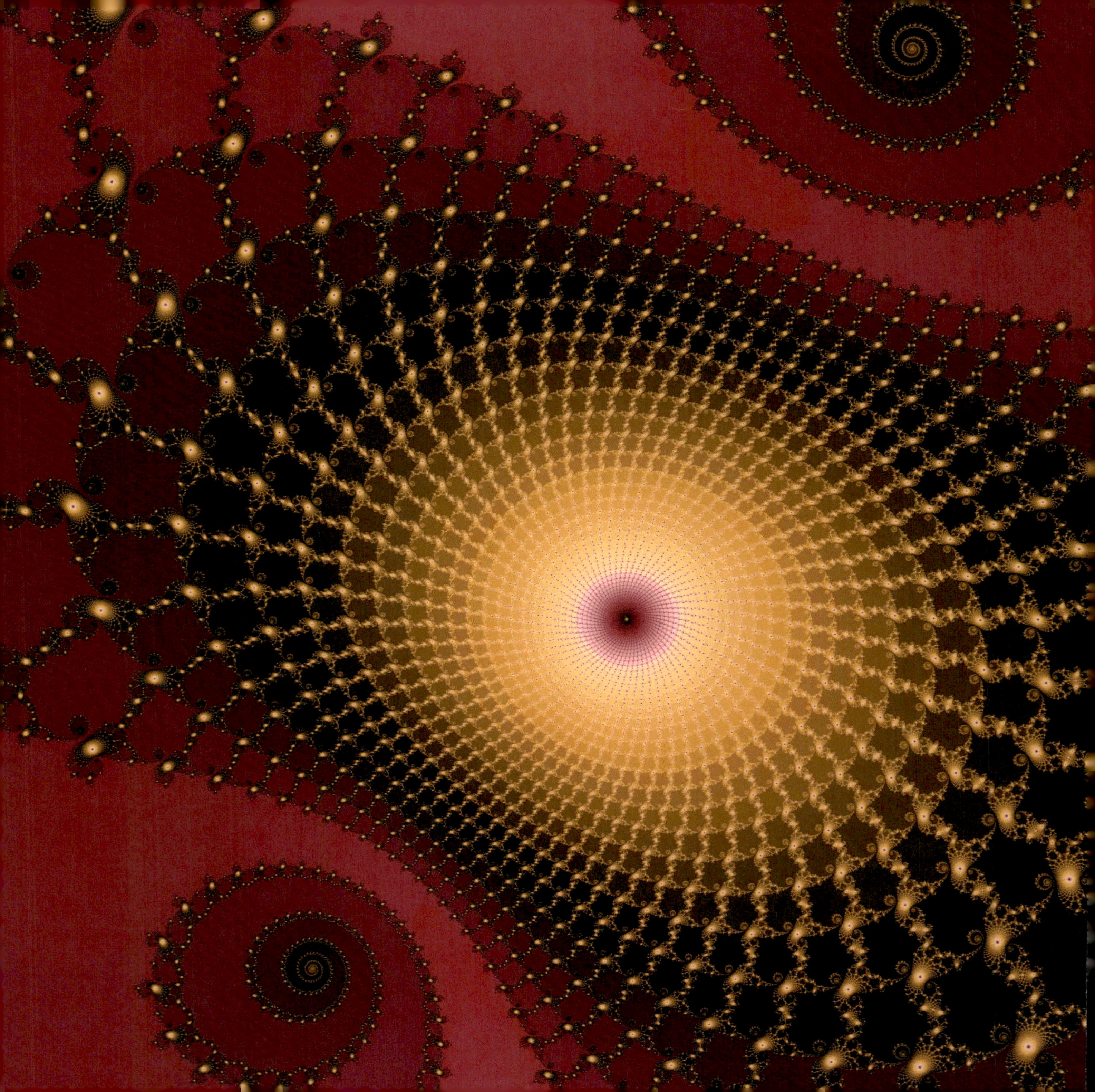

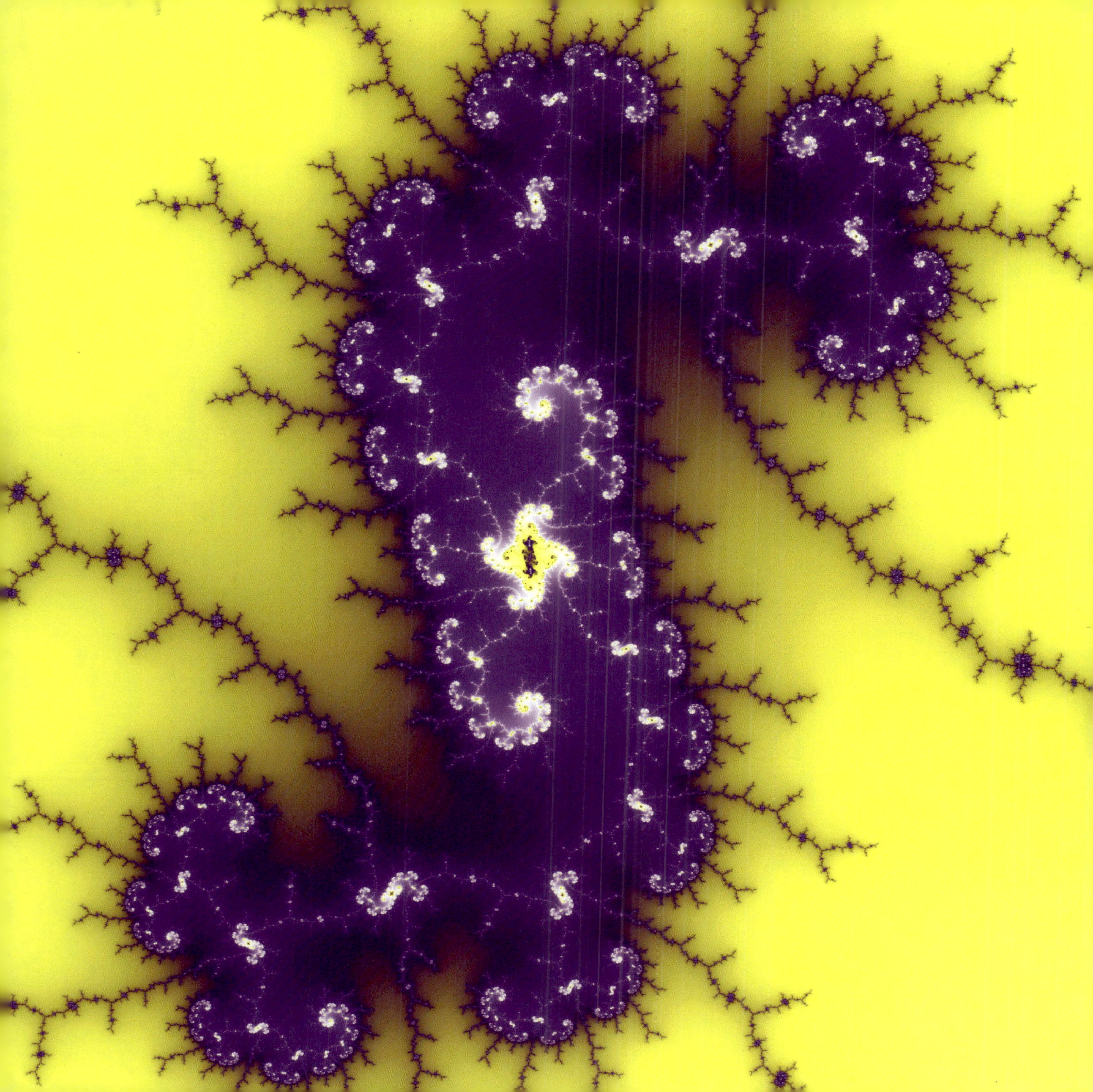

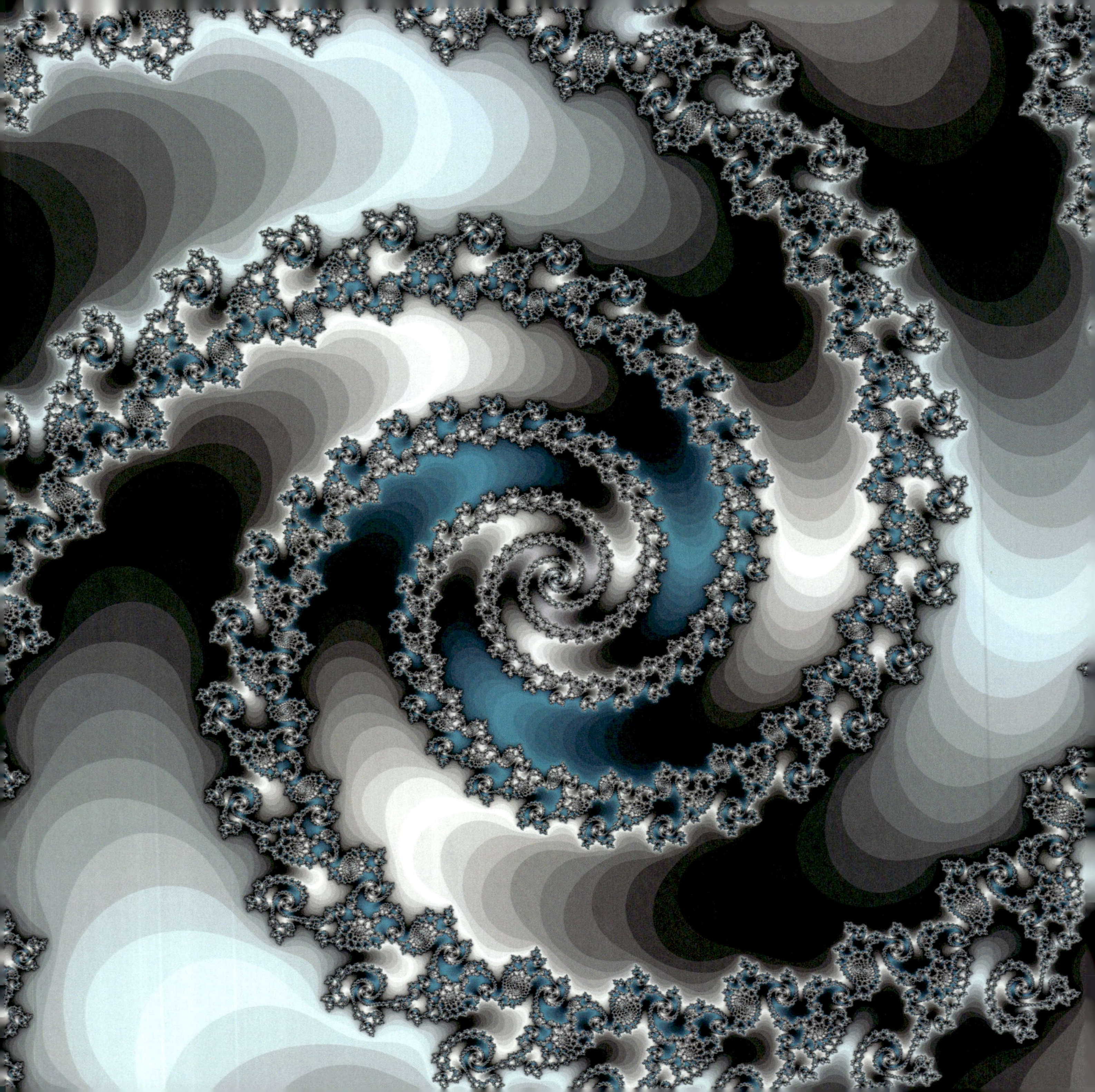

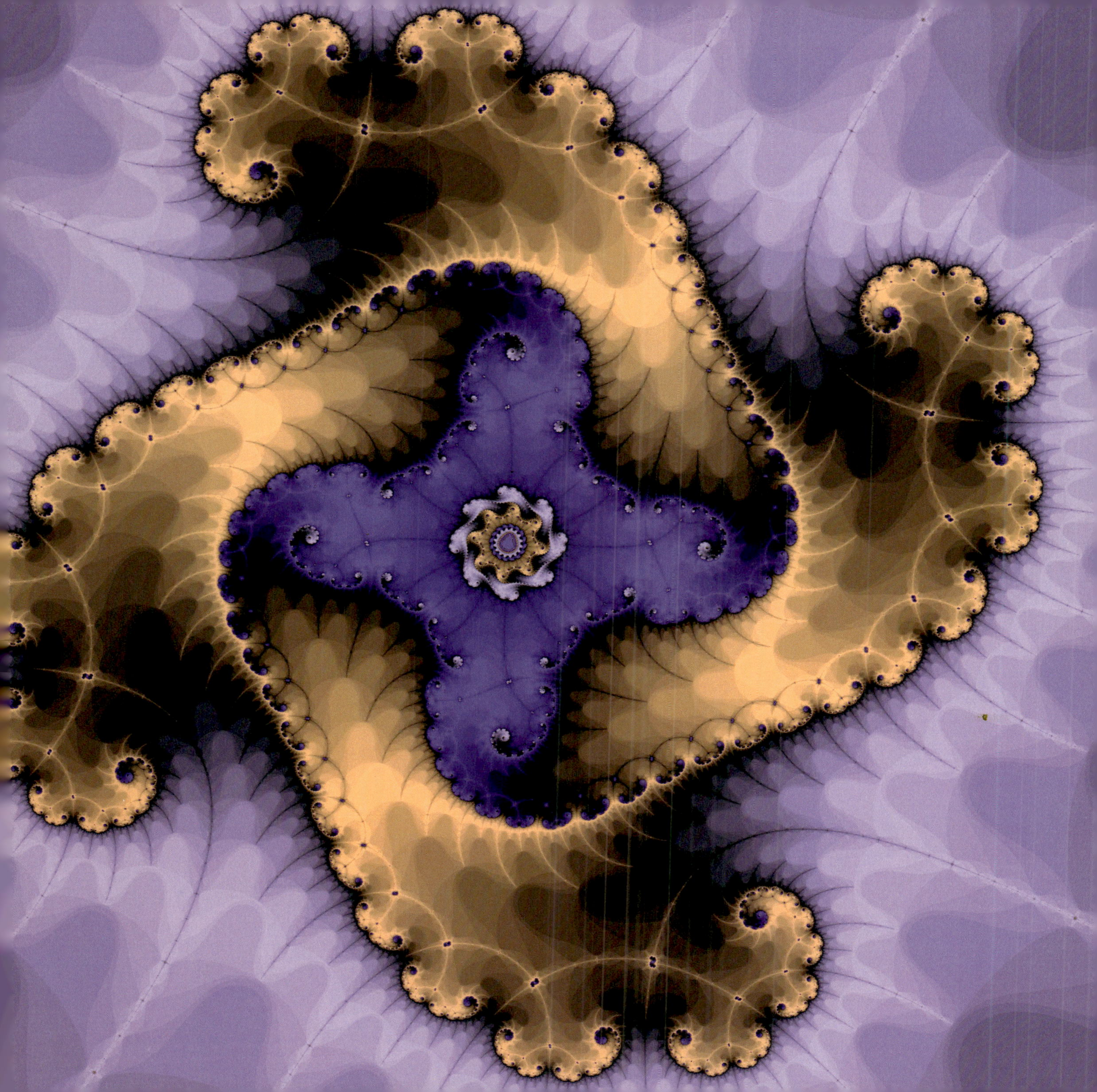

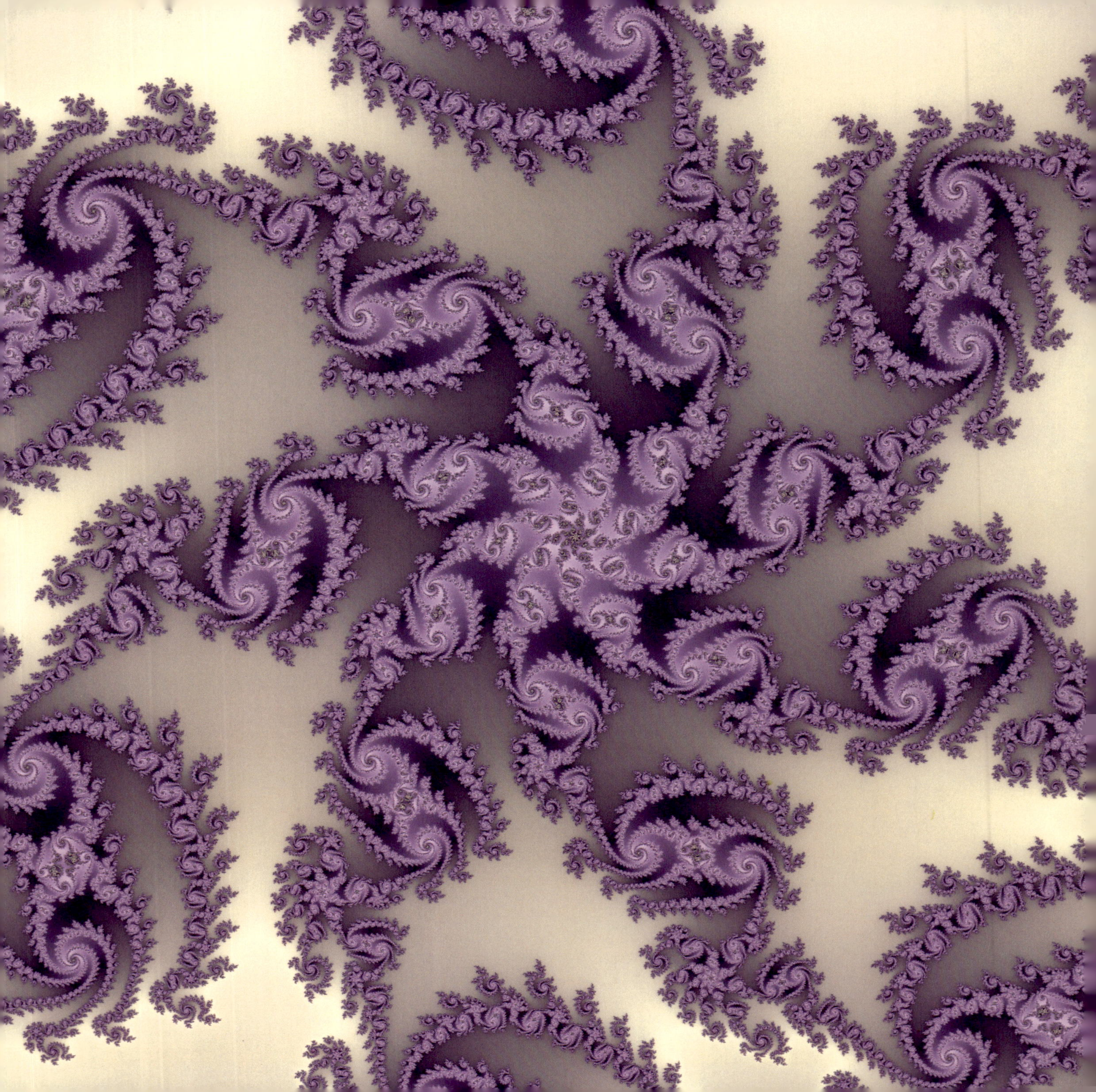

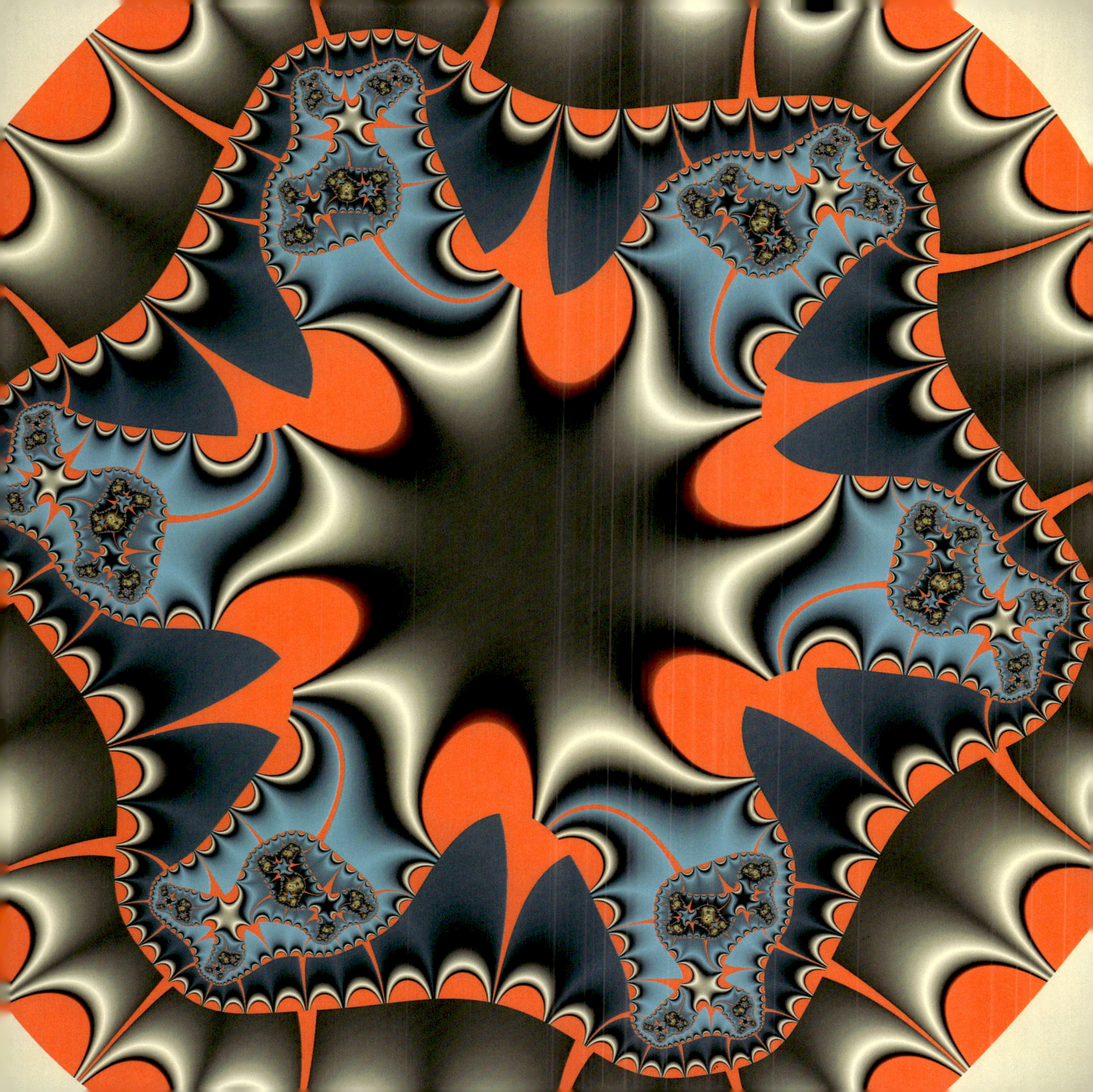

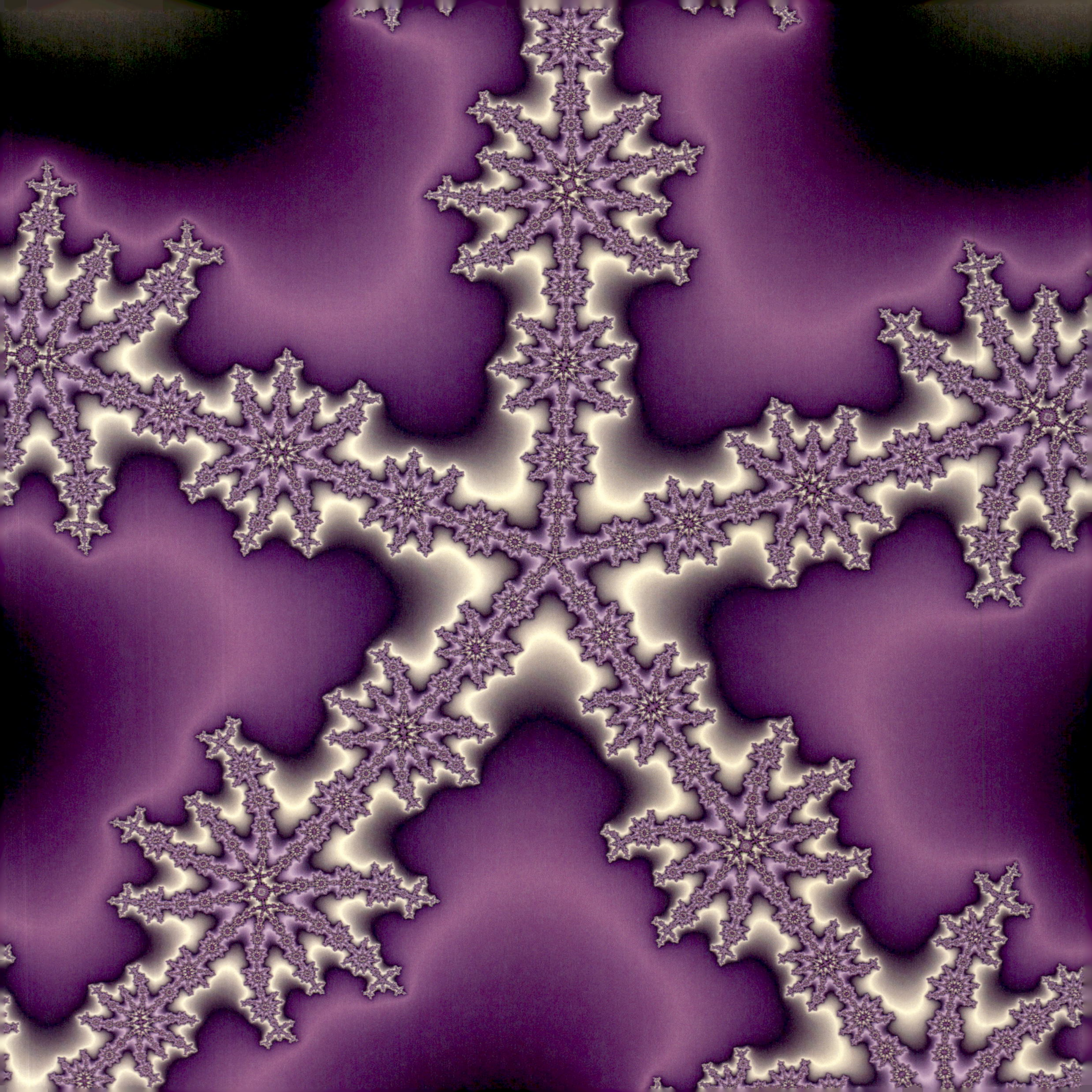

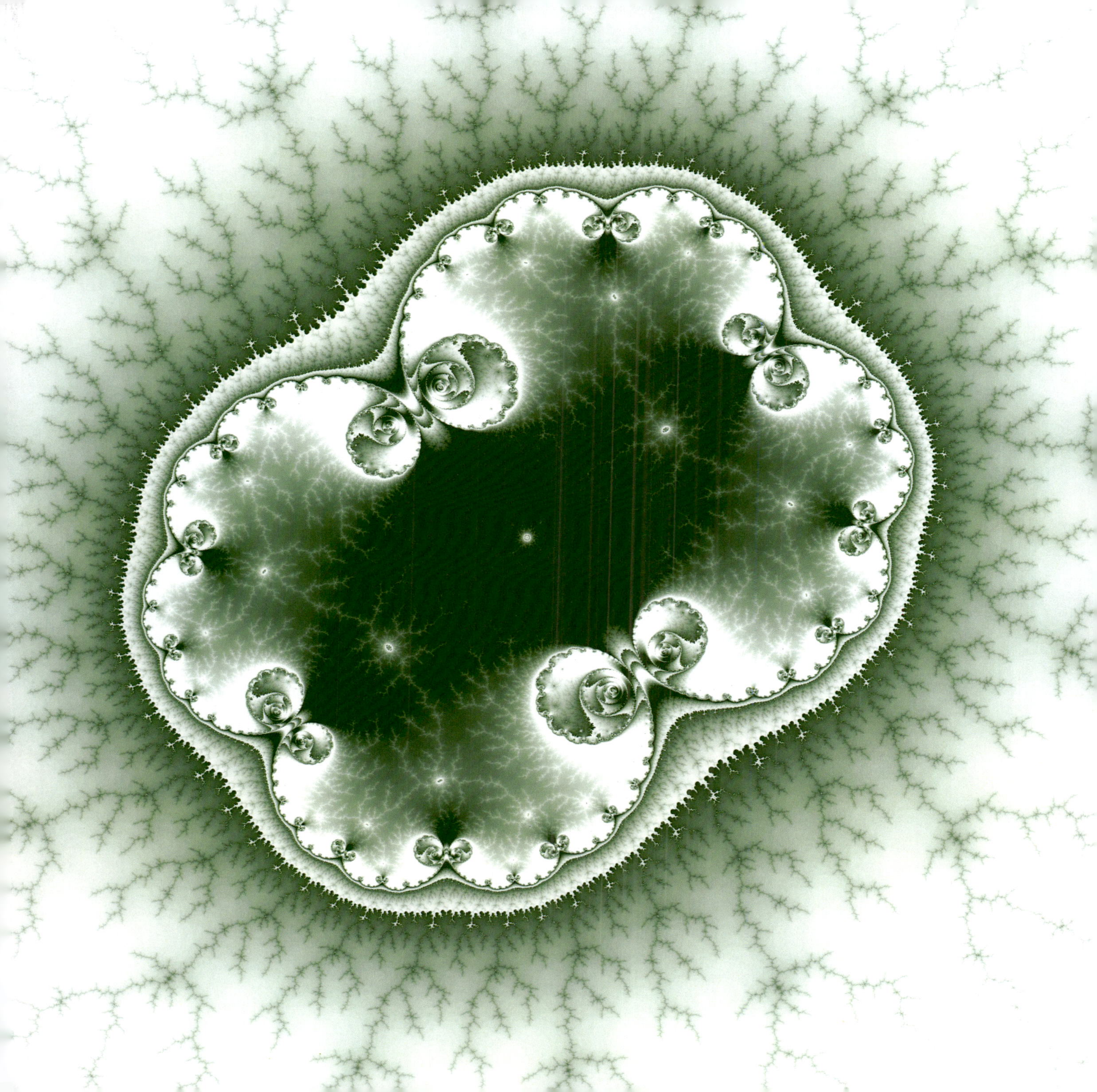

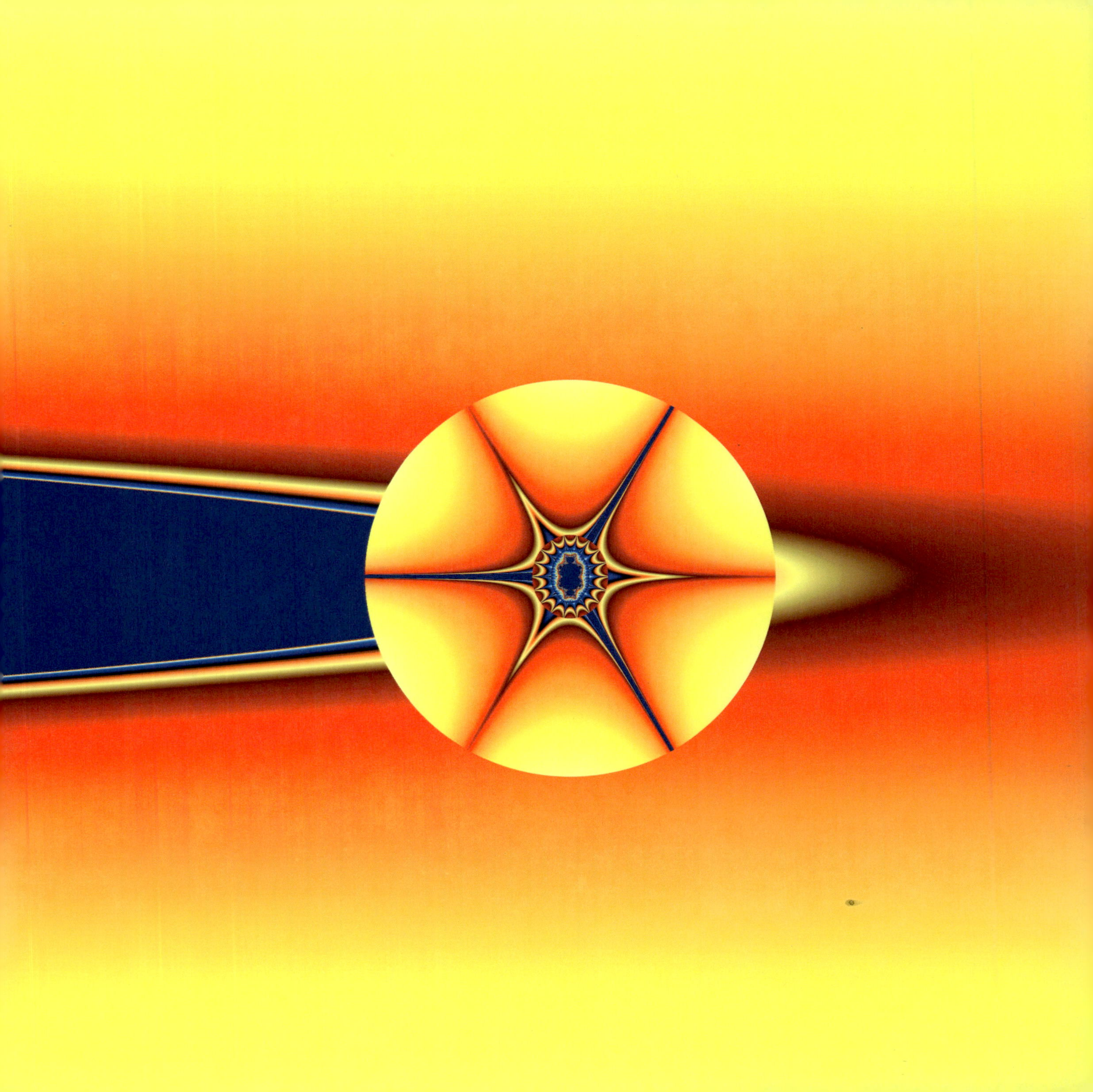

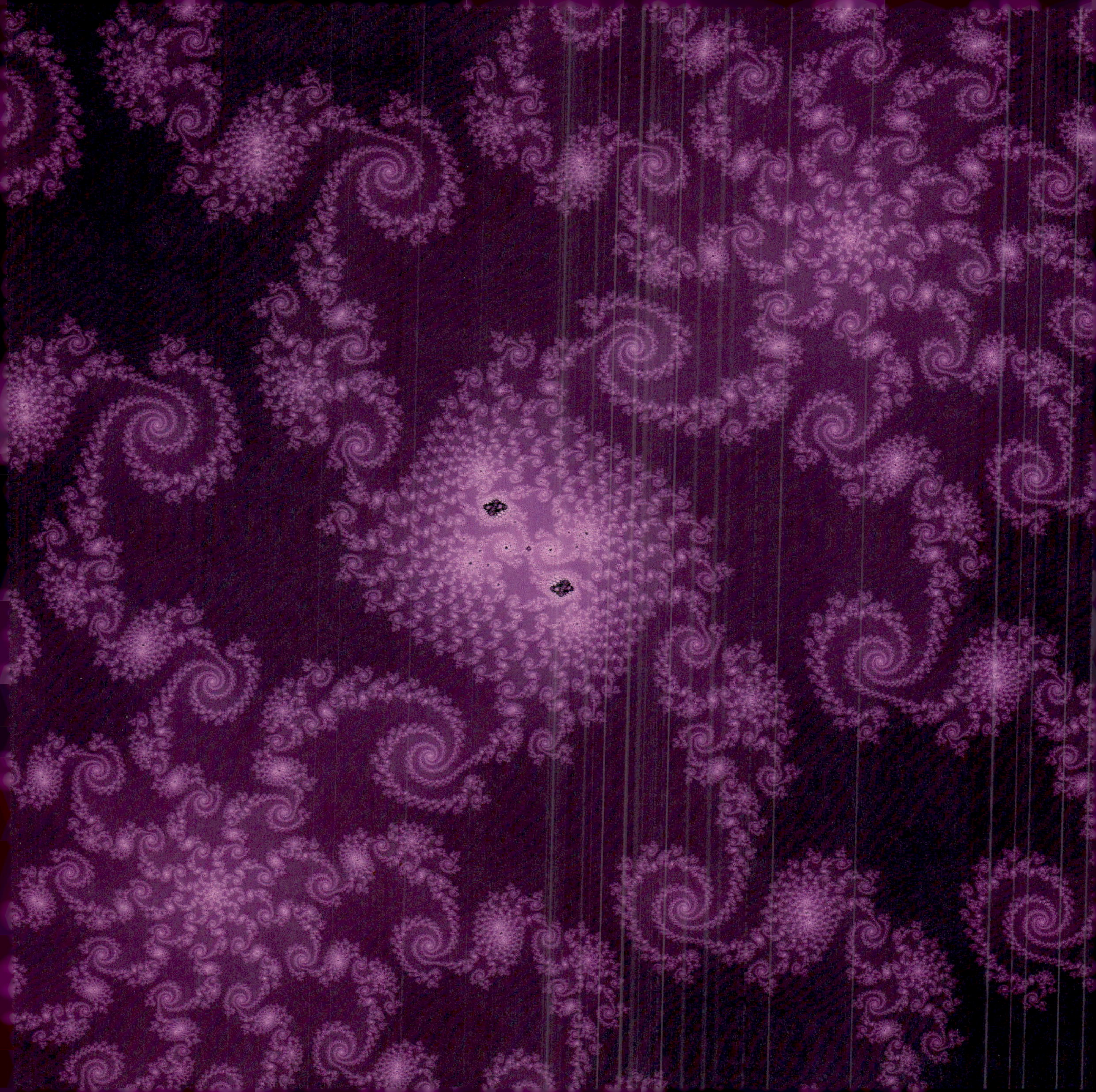

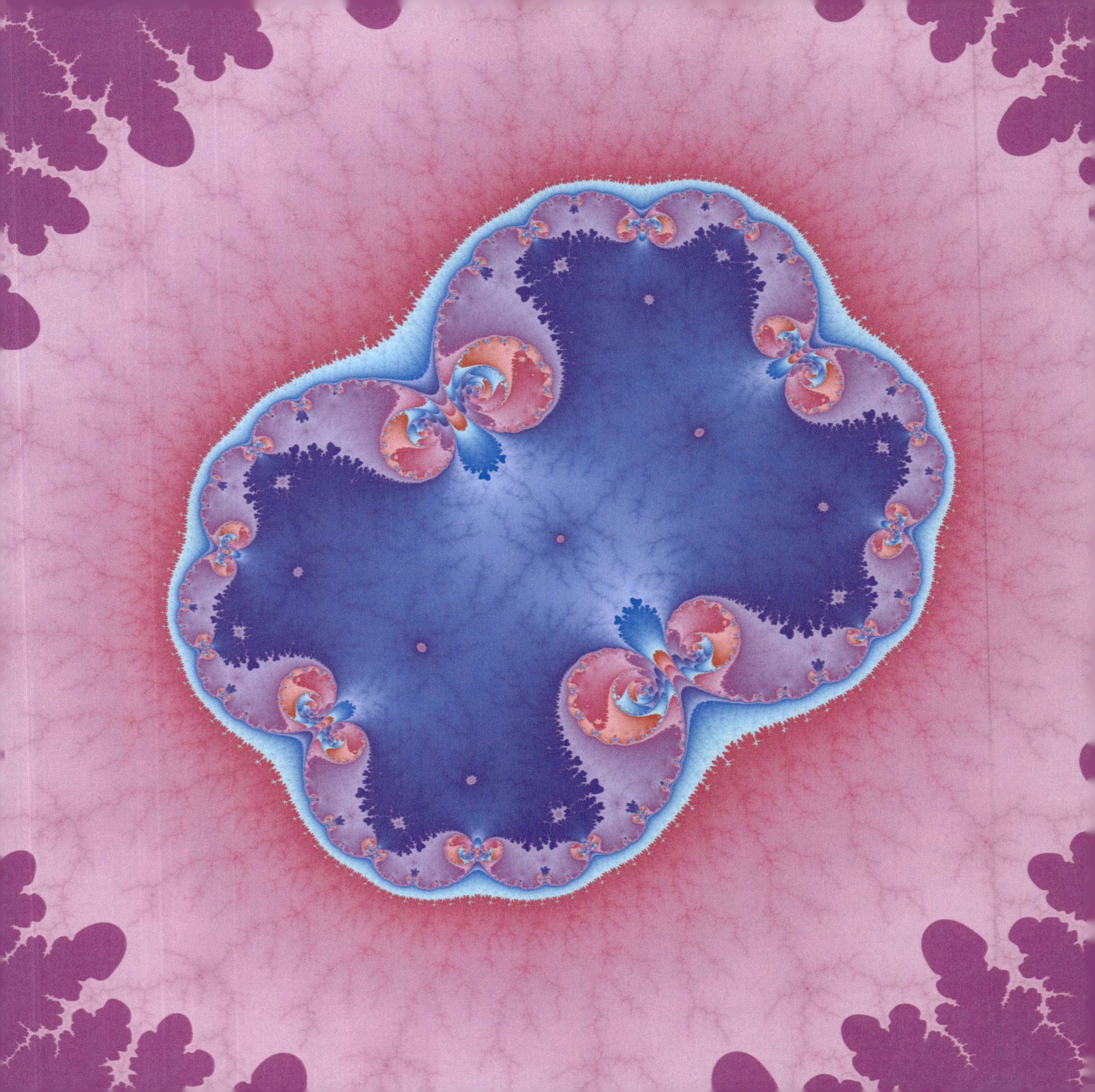

www.ingramcontent.com/pod-product-compliance
Lightning Source LLC
LaVergne TN
LVRC092234041026
849558LV00019B/419

* 9 7 8 1 6 3 2 7 0 5 5 9 4 *